Louis Espinassous

Hütten
von Kindern selbst gebaut

Mit Illustrationen von Amandine Labarre, Frédéric Pillot und Christian Verdun

ökobuch
Staufen b. Freiburg

Inhalt

Auf zur Hütte

Stellt Euch vor: Ihr habt eine Hütte hoch oben im Baum, ein Versteck im dichten Gebüsch, einen Geheimplatz getarnt mit Reisig oder mit einer regendichten Plastikplane. Ganz egal wie eure Hütte aussieht – auf geht's zu ihr! Euer Rucksack ist bis oben gefüllt für ein Picknick am Nachmittag. Allein, ohne Erwachsene, könnt ihr dort köstlich speisen, ihr könnt Karten spielen, euch amüsieren und in eurer Hütte schlafen. Ein Trost für die Jüngeren: Kinder unter 6 Jahren bereiten währenddessen für ihre Puppen eine Mahlzeit im kleinen Puppenhaus unter dem Zwetschgenbaum im Garten zu und träumen davon, wie sie eines Tages ihre eigene Hütte in der großen Eiche bauen werden ...
Hütten zum Spielen, zum Schlafen, zum Träumen – ihr lernt, so zu bauen wie die Schäfer, die Holzfäller, die Indianer, die Lappen oder die kanadischen Trapper...
Hütten für einen Tag, für eine Nacht, für einen Sommer oder für Jahre!

Auf geht's zum kleinen Wäldchen, raus in den Garten oder in den Steinbruch.
Spuckt in die Hände und fangt an, eure Hütte zu bauen!

Deine Hütte!

Du hast Lust, eine Hütte zu bauen, nach deinem Maßstab und an deinem Geheimplatz. Sie wird nach deinen Wünschen und deiner Phantasie wachsen, sie wird niemals so aussehen wie irgendeine Hütte und schon gar nicht wie die Hütten, die in diesem Buch vorgestellt werden! Um deine ganz eigene Hütte bauen zu können, raten wir dir, dieses Buch nicht als exakte Bauanleitung zu betrachten. Benutze das Buch eher wie eine Schachtel, die voller Ideen steckt und in der du nach Lust und Laune herumschnüffeln und herumstöbern kannst. Du kannst darin eine Idee für eine Dachkonstruktion finden und an anderer Stelle einen guten Vorschlag für die tragende Konstruktion deiner Hütte. Du wirst vielleicht hier einen schlauen Trick erfahren und dort einen geeigneten Knoten kennenlernen. Indem du deine eigenen Erfindungen und deine persönlichen Einfälle hinzufügst, wirst du eine einzigartige Hütte bauen - deine eigene!

Vom Traum zur Wirklichkeit

Augen auf! Die Wahl des Ortes ist eine der wichtigsten Entscheidungen beim Bau deiner Hütte. Erst wenn du das passende Gebüsch, den Graben, die 3 Bäumchen, den großen Baum, den richtigen Felsen... kurzum, erst wenn du den idealen Standort gefunden hast, kannst du mit dem Bau anfangen. Denn der Ort beeinflusst die Bauart deiner Hütte mehr als du vielleicht denkst: schon allein dadurch, welche Baumaterialien und wieviel davon dort und in der Umgebung zu finden sind, die du sinnvoll nutzen kannst.

Genehmigung

Als erstes solltest du herausfinden, ob du an dem von dir ausgesuchten Ort überhaupt eine Hütte bauen darfst. Auf Wiesen oder in Gärten brauchst du die Zustimmung des Eigentümers. Im frei zugänglichen Wald dagegen dürfte es kein Problem sein, einfach mit dem Bauen loszulegen, wenn du dich mit natürlichem Baumaterial wie dürrem Holz oder mit jungen Ruten (zum Beispiel von Haselnuss, Weide, Kastanie) zufrieden gibst.

Sei bescheiden

Wenn du zum ersten Mal eine Hütte baust, versuche nicht, zu kompliziert zu bauen oder so perfekt wie es in diesem Buch gezeigt wird!
Beginne mit einer einfachen Konstruktion. Du wirst entdecken, dass alles seine Zeit braucht und dass die Äste und die anderen Materialien fast immer weniger gerade, weniger gleichmäßig und weniger schön sind, als du sie eigentlich haben willst. Eine bescheidene und fertige Hütte ist in jedem Fall besser als ein arbeitsaufwendiges Traumobjekt, das nicht zu Ende gebaut wird oder nicht benutzbar ist.

Hilfe von Erwachsenen

Um deine Hütte zu bauen, brauchst du sicherlich ab und zu die Hilfe von Erwachsenen. Trau dich zu fragen! Wenn die Erwachsenen dein Projekt gut überlegt und vorbereitet finden, sind sie sicher bereit, dir zu helfen. Sie werden dir trotzdem die Eigenständigkeit lassen, die du brauchst!
Frage sie, zu welchem Standort sie dir raten. Aus ihrer Sicht wird er so weit entfernt sein, dass du dich wirklich ungestört fühlst, aber trotzdem so nah, dass du den Hin- und Rückweg selbständig und sicher bewerkstelligen kannst.
Die Erwachsenen können dir auch bei den schwierigen Phasen der Gestaltung helfen, beispielsweise wenn es nötig ist, mit einem scharfen Werkzeug umzugehen, das du nur schwer bedienen kannst. Oder wenn du auf eine Leiter steigen musst und nicht stark genug bist, sie hochzuheben oder umzustellen. Vielleicht brauchst du aber auch nur ab und zu einen guten Rat.

Die Lebensdauer deiner Hütte

Es ist immer ein schöner Anblick, zwischen 2 Bäumen plötzlich die Reste einer alten Hütte zu entdekken, die nach und nach wieder zu Natur wird. Es sind die harmonisch in die Landschaft eingebundenen Überbleibsel von glücklich gelebten Augenblicken. Jede Hütte hat ihre Lebenszeit. Du baust sie für einige Tage, für einen Sommer oder für ein Jahr. Irgendwann aber wirst du zu anderen Abenteuern aufbrechen wollen. Das ist normal. Bevor du die Hütte dann für immer aufgibst, denk daran, sie sauber zu machen. Lass keine Dinge in der Natur zurück, die dort nicht hingehören! Nimm also Nägel, Drähte, Schnüre, Plastikteile oder was immer du mitgebracht hast, wieder mit nach Hause. Verwandle die Umwelt nicht in eine Müllkippe.

Ein Haus aus Pappe

Das kleine Papphaus ist für die Jüngsten da. Sie können dort das Leben der Erwachsenen nachspielen, sich ausruhen, essen, schlafen oder sich unterhalten. Kurzum, das kleine Papphaus eignet sich sehr gut, um sich das Leben im eigenen Häuschen auszumalen.
Hilf den Jüngsten unter euch, eine phantasievolle Hütte aus Pappe zu bauen. Die kann als Häuschen benutzt werden, aber sie kann natürlich auch ein Auto, einen Schulbus, ein Boot oder eine Burg darstellen!

Drinnen und draußen

Die Hütte könnt ihr problemlos immer wieder verwenden, drinnen im Spielzimmer oder draußen auf trockenem oder halbwegs trockenem Boden.

Die Konstruktion

Verpackungskartons von großen Haushaltsgeräten (Kühlschrank, Spülmaschine, Möbelstücke) sind ideal. Die Kartons sollten stabil sein und mehr oder weniger die Form eines Würfels haben.

Kennt ihr die Geschichte von den drei Schweinchen?

Das erste Schweinchen baute sein kleines Haus aus Stroh, mit einem kleinen Strohdach, einem kleinen Bett aus Stroh …
Das zweite Schweinchen machte sein kleines Haus aus Holz, mit einem Dach aus Zweigen und einem kleinen Bett aus Farnkraut …
Das dritte Schweinchen baute sein kleines Haus aus Ziegelstein, mit einem kleinen Dach aus Schieferplatten und einem großen Kamin aus Stein.
Und du, du baust ein kleines Haus aus Pappe, mit einem kleinen Pappdach, einer kleinen Papptür und einem kleinen Bett aus Kissen!

Die Hülle

Je mehr die Kartons in ihrer Größe und Form bleiben können, desto stabiler wird die Hütte sein. Entferne die großen Stahlklammern (Verletzungsgefahr!) und schütze die kleinen mit Klebeband.

Am einfachsten ist es, wenn du den Karton so auf den Boden stellst, dass du seine offene Seite als Eingang benutzen kannst. Soll die Öffnung aber zum Boden hin zeigen, schneidest du, je nachdem, wie du es haben möchtest, eine kleinere oder größere Tür in eine Seite des Kartons.

Um die Tür und ein oder besser mehrere Fenster auszuschneiden und um das Dach zu formen, brauchst du ein scharfes Schneidewerkzeug. Lass dir bei dieser Arbeit von einem Erwachsenen helfen. Denk daran, den für die Fenster ausgeschnittenen Kartonteil als beweglichen Klappladen zu verwenden, wie auf der Zeichnung zu sehen ist. Um das Häuschen zu stabilisieren, kannst du die umgeknickten Laschen des Kartons außen zum Beispiel mit Zeitschriftenstapeln oder mit Büchern beschweren.

Setze ein einfaches Dach aus zwei mit Klebeband verbundenen Kartonteilen oben drauf und dein kleines Haus ist fertig.

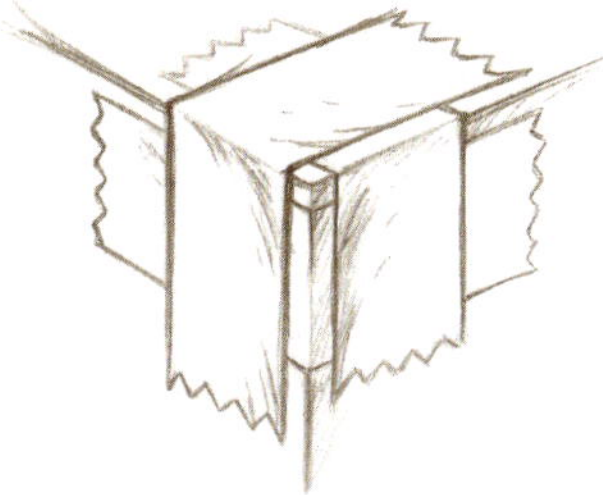

Benutze ein breites und stabiles Klebeband, um die Ecken zu fixieren und die Öffnungen zu stabilisieren

Die Märchenhütte

Die drei kleinen Schweinchen haben die Idee mit der Kinderhütte vorgelebt, mit ihrem kleinen Bett, ihrem kleinen Tisch und ihrem kleinen Stuhl. Die Kinderhütte ist ein zentrales Thema in vielen traditionellen europäischen Märchen: die Hütte der Großmutter in Rotkäppchen, die Lebkuchenhütte bei den Gebrüdern Grimm, die Hütte von Baba Yaga auf Hühnerbeinen.
Ob die Hütte so oder anders aussieht, sie ist immer ein Abbild der Phantasie des Erbauers.

Kleine Zelthütte

Eine eigene kleine Hütte, **nur für mich, nur für uns...**
Im folgenden zeigen wir dir eine Zelthütte, die du im Garten oder auch anderswo bauen kannst. Sie ist ganz einfach zu errichten und du kannst sie so groß oder klein bauen wie du möchtest.

Wohin bauen?

Diese Hütte kannst du irgendwo im Garten aufstellen. Ein Platz unter einem Obstbaum mit niedrig hängenden Zweigen oder mitten auf einer Wiese ist aber besonders gut dafür geeignet.

Das Haus aus Fell

In den arabischen Staaten ist das „Haus aus Fell", das Zelt der Beduinen, nach einem ganz einfachen Prinzip gebaut: Gewebte Stoffbahnen aus Ziegen- und Kamelhaar werden an Pflöcke gebunden und aufgespannt. Das Beduinenzelt bietet Bewohnern und Besuchern einen guten Schutz vor der Glut der Sonne und erfrischt durch die Brise, die unter den Stoffbahnen durchziehen kann.

Die Konstruktion

Die Grundkonstruktion ist ganz einfach: du brauchst dafür einen langen Stock (1½ mal deine Größe), zwei kurze Stöcke (Skistöcke sind dafür gut geeignet) oder aber drei Stangen der gleichen Größe, die du so aufstellst, wie es bei einem Tipi gemacht wird (siehe Seite 53).

Oben bindest du die Stangen fest zusammen. Dazu benutzt du am besten ein Stück von einem alten Fahrradschlauch, ein Seil, eine starke Gummischnur oder ein kräftiges Klebeband. Unten stellst du die Stangen, wie auf dem Bild zu sehen ist, auseinander und drückst sie in die Erde.

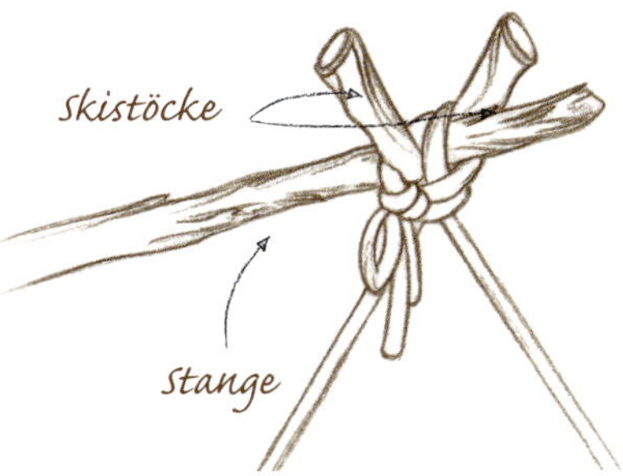

Übrigens: Ein Baumstamm oder ein niedriger Ast sind nützlich, um der Zeltkonstruktion zusätzlichen Halt zu geben

Die Hülle

Du hast die Qual der Wahl, denn all das gibt eine fabelhafte Bedachung für deine Zelthütte ab: alte Betttücher, Decken oder schwere Vorhänge, Folien mit oder ohne Ösen, wie sie in der Landwirtschaft genutzt werden, eine alte Anhängerplane, Zeltplanen, die nicht mehr gebraucht werden .....

Wie im Bild zu sehen ist, wird die Überdachung mit Steinen am Boden fixiert. Nimm ruhig viele davon, und schwer dürfen sie auch sein. Die Steine sorgen mit dafür, dass deine Zelthütte stabil ist, und wenn du es besonders gut machen möchtest, schütte zusätzlich noch dick Erde auf die Steine.

Hütte ohne Bauplan

Diese Naturhütte, gebaut ohne Plan, lässt sich aus Reisig ganz einfach am Waldrand realisieren. Du sammelst einfach Äste aus trockenem Holz, z.B. von Nussbäumen oder Kastanien. Was noch besser ist: dort, wo im Wald Bäume gefällt wurden, findest du nach dem Abtransport der Baumstämme und Holzhaufen sicherlich genügend übrig gebliebene Äste auf dem Boden.

Die umweltfreundliche Behausung

Unser Lebenswandel hat Auswirkungen auf die Gesundheit unseres Planeten. Angesichts von Umweltverschmutzung und Waldsterben setzt sich mehr und mehr die Idee durch, Häuser so zu bauen, dass sie weder uns Menschen noch der Natur schaden.

Naturhütten, die du ohne künstliches Material, nur mit trockenen Ästen und mit Schnüren aus Naturfasern baust, sind die umweltfreundlichsten, die man sich vorstellen kann. Im Prinzip kannst du sie in jedem frei zugänglichen Waldstück errichten. Alles ist in die Natur der Umgebung eingebunden, die Materialien, die Farben und die Formen. Was zudem gut ist: Eine Naturhütte musst du nicht wieder abbauen, wenn du sie nicht mehr brauchst; sie verwittert langsam und ganz natürlich, ohne die Umwelt zu schädigen.

Wo kannst du die Hütte bauen?

Für einen guten Halt deiner Naturhütte ist es sehr wichtig, einen Baum als Stütze zu finden, der den gesammelten Ästen am oberen Ende Halt gibt. Bei einem Baum mit weit ausladenden Ästen kannst du den Innenraum der Naturhütte so groß machen, dass du dich hinsetzen oder gar ausstrecken kannst. Achte darauf, dass dabei keine große Wurzel im Weg ist. Ist der Baum eher klein, nutze einen niedrigen Ast oder eine Astgabel, um die Stangen daran zu befestigen. Wenn du einen einigermaßen waagerechten, starken Ast zum Anlehnen nimmst, binde deine Holzstangen nicht wie beim Tipi zusammen, sondern wie rechts in der Zeichnung am Ast entlang. Zwei biegsame Stöcke, unten etwa einen Meter auseinander gestellt, können zum Abstützen und gleichzeitig auch als Eingang dienen. Es genügt, sie mit Schnur zusammenzubinden.

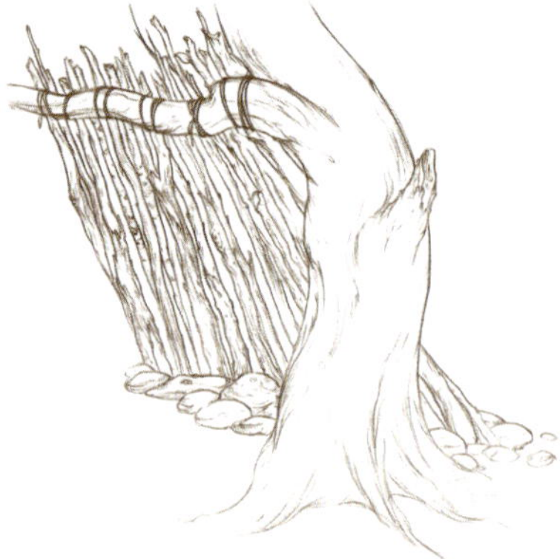

Damit deine Hütte nicht nach unten wegrutscht, ramme die Holzstangen unten in die Erde oder fixiere sie mit großen Steinen oder Rundhölzern

Damit deine Hütte oben nicht verrutschen kann, knüpfe jeweils die Spitzen mehrerer Stangen zusammen und verbinde sie dann als Ganzes

Die Konstruktion

Die Konstruktion besteht aus langen Holzstangen, aufgestellt in Form eines Fächers oder Tipis, wobei jeweils das dicke Holzende nach unten zeigt. Mit langen Stangen kannst du zwar eine recht große Hütte bauen, sie sind jedoch auch viel zerbrechlicher bzw. schwerer. Um zu verhindern, dass die Holzstangen brechen, kannst du sie im unteren Bereich mit senkrechten Verstärkungen abstützen. Dadurch wird allerdings der nutzbare Innenraum kleiner.

Nach einigen Versuchen wirst du schon selbst herausfinden, welche Neigung die Stangen haben sollten, damit deine Hütte groß genug und gleichzeitig ausreichend stabil wird.

Die Hülle

Für die äußere Hülle sind viele Äste oder Zweige nötig, wobei die dünneren zwischen die dickeren gesteckt werden. Sie werden mit Lianen oder Schnüren verbunden und mit eingeflochtenen Zweigen von Fichten, Buchen und Weißbuchen sowie Farnkraut bedeckt. Dabei sollte das dicke Ende jeweils nach oben zeigen. Behalte einige Stangen bis zum Schluss übrig, die du außen über die Abdeckung legst und zusätzlich befestigst.

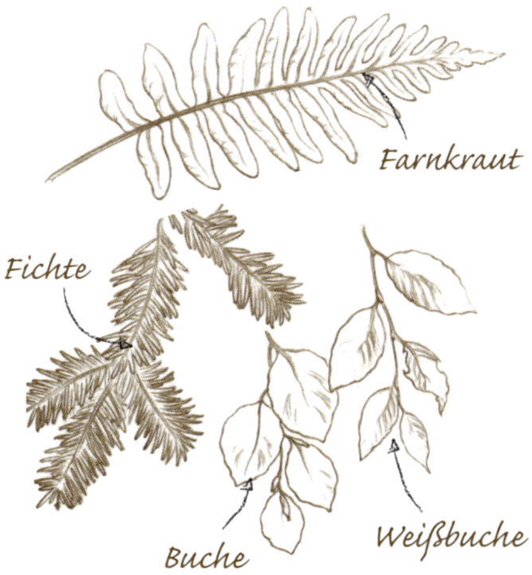

Werkzeuge und Hilfsmittel

Neben dem Material, das du vor Ort findest, brauchst du für den Bau deiner Hütte oft noch ein bißchen Werkzeug und ein paar andere Dinge, die vielleicht im Schuppen, Stall oder Gartenhaus zu finden sind. Die benötigten Werkzeuge kannst du dir, wenn du darum bittest, sicherlich ausleihen: eine Säge zum Auslichten, eine Gartenschere, außerdem Planen und Folien, Netze, Schnüre, Kordeln, Karnickeldraht...

Werkzeuge

Sägen und Scheren

Die gebogene Baumsäge mit großen Zähnen ist perfekt, um Holz für den Bau deiner Hütte zu schneiden, während der Fuchsschwanz etwas weniger leistungsfähig ist. Auch eine Gartenschere ist für den Hüttenbau praktisch unverzichtbar. Holzstangen und das Material für die Abdeckung kannst du mit Säge und Gartenschere schneller und einfacher schneiden als mit einem Messer. Als Taschenmesser benutzt du aus Sicherheitsgründen am besten eines mit einer feststehenden oder feststellbaren Klinge.

Wie bohre ich Löcher in den Boden?

Um Löcher für Stöcke und dünne Äste in die Erde zu bohren, verwendest du am besten eine große Metallstange oder ein langes Pfahleisen. Die rammst du, z.B. mit Hilfe eines Steines, in die Erde und ziehst sie wieder heraus. Ein stabiler, angespitzter Pfahl aus trockenem Holz mit einem Rundholz in den Boden eingeschlagen, ist ein guter Notbehelf.

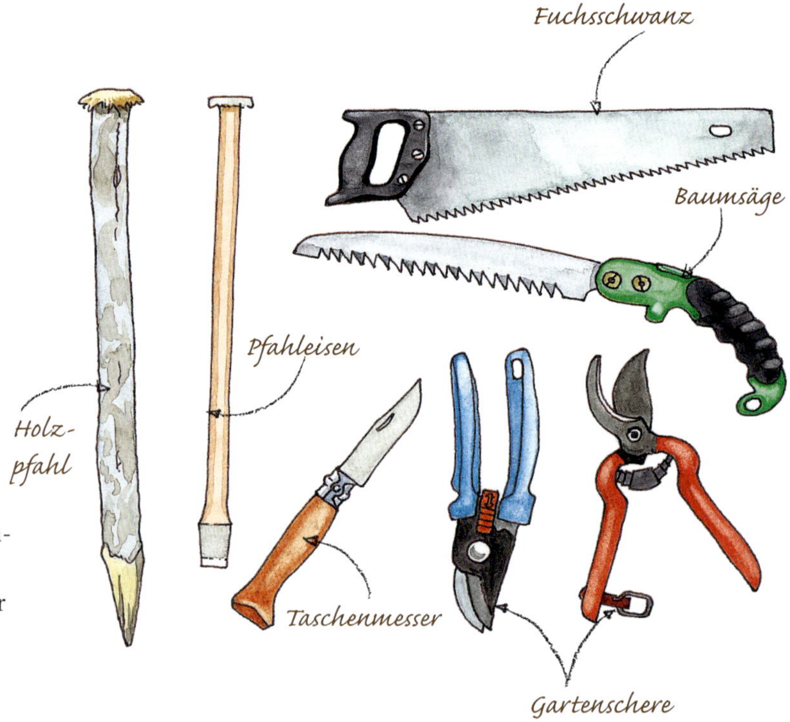

Schnüre

Schnüre sind unverzichtbar für fast alle Hütten. Ob Knäuel, Seile oder Kordeln: Schnüre, wie sie in der Landwirtschaft benutzt werden, brauchst du in größeren Mengen, egal ob gebraucht oder neu gekauft. Benutze am besten Schnüre aus pflanzlichem Material, z.B. die klassische Sisal- oder Hanfschnur.

Bergsteigerseile sind schon nach kurzer Benutzungszeit für ihren eigentlichen Zweck nicht mehr zu gebrauchen, aber noch stabil genug, um sie anderswo einzusetzen. Solche kannst du auch für deine Hütte verwenden.

Knoten

Bei den meisten Verbindungen kannst du die Knoten knüpfen wie du willst. Um aber zwei Holzstangen unverrückbar miteinander zu verbinden oder um eine Stange exakt an einem Baumstamm zu befestigen, sind die beiden folgenden Knoten unverzichtbar: der Webeleinstek und der Kreuzbundknoten.

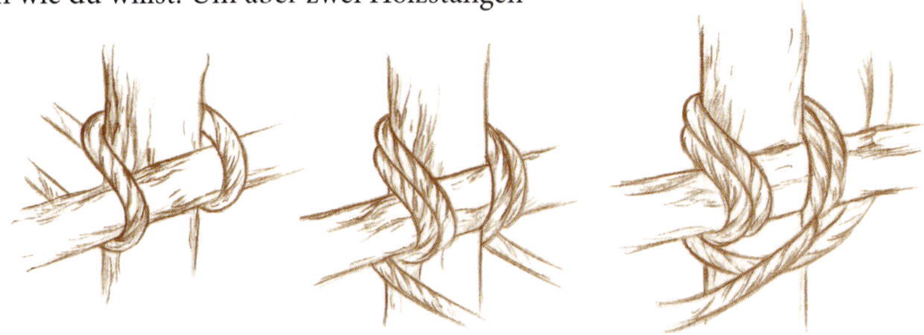

Der Kreuzbundknoten

Mit dem Kreuzbund-Knoten werden zwei sich kreuzende Stangen fest miteinander verbunden. Dieser Knoten wird jeweils mit einem Webeleinstek begonnen und beendet. Die Schlaufen (2 oder 3 genügen, siehe Bild) müssen straff angezogen sein und dürfen sich nicht überschneiden.

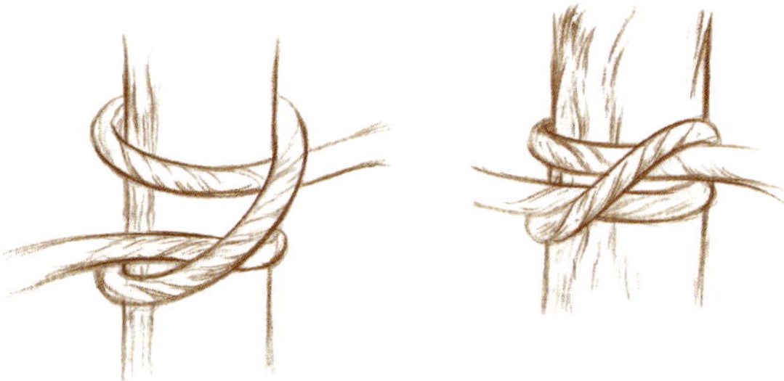

Der Webeleinstek

Der Webeleinstek, auch Weberknoten genannt, ist recht einfach zu machen. Er ist ein Knoten, der gut straff bleibt und sich nicht verschiebt.

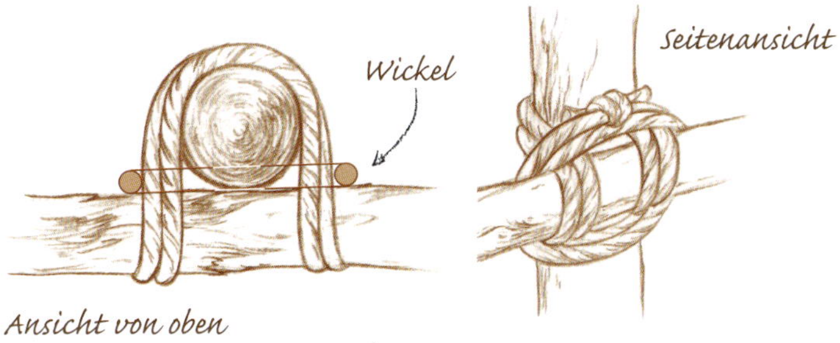

Festzurren

Du hast zwei Stangen so verbunden, wie es oben zu sehen ist; nun wickle die beiden Seil- oder Schnurenden zwei- oder dreimal so um den Kreuzungspunkt der Stangen, wie rechts gezeigt wird. Dadurch wird die Verbindung erst richtig fest.

Beschwerungsschnüre

Schnüre, an denen du unten Steine befestigt hast, sind ideal, um leichte Dächer (z.B. aus Segeltuch oder Kunststoffplanen) zu spannen und dafür zu sorgen, dass sie nicht wegfliegen. Bei schräggeneigten Dächern werden die fest auf der Erde stehenden Holzstangen durch die Beschwerungsschnüre an Ort und Stelle gehalten. Achte darauf, dass die Steine nicht den Boden berühren, denn es ist ihr „hängendes" Gewicht, das die Konstruktion gespannt hält.

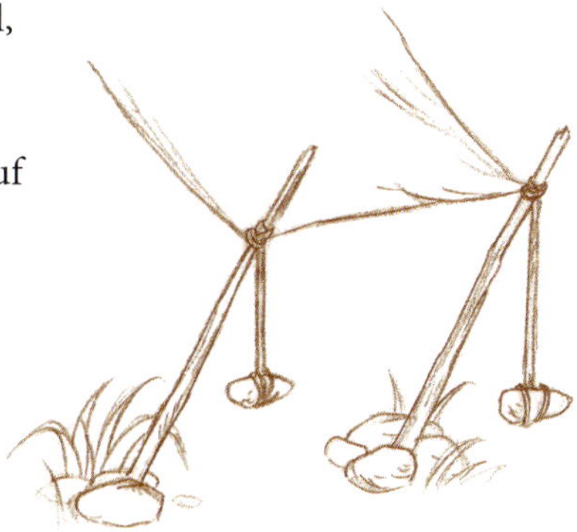

Stabile Verbindung

Holzverbindungen gewinnen an Stabilität und Festigkeit, wenn du die Stangen an der Stelle, an der sie sich kreuzen, etwas abflachst (mit einem Messer oder einem kleinen Beil).

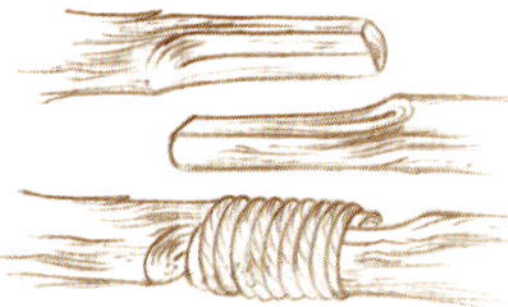

Hütte mit Pultdach

Diese sehr einfache Hütte mit nur einer schrägen Dachfläche (Pultdach genannt) kannst du an einem halben Tag fertigstellen. Sie ist nicht nur schnell gemacht, sondern sieht auch gut aus. Und du kannst sie an den folgenden Tagen leicht vergrößern, verbessern oder mit Seitenwänden versehen. Baue sie am besten dort, wo du viele passende Stangen, Ruten und Zweige in der Nähe findest.

Das Strohdach

Viele Jahrhunderte lang waren die Dächer von Häusern, in der Stadt wie auf dem Land, mit pflanzlichen Baustoffen gedeckt. Die Dachdeckung konnte aus Stroh, Weizen- oder Roggengarben oder auch aus Schilf bestehen. Inzwischen werden nur noch selten Dächer mit pflanzlichen Materialien gedeckt, und wenn überhaupt, dann mit Schilf (Reet), da es härter und dauerhafter ist als die anderen pflanzlichen Baustoffe.

Wo bauen?

Es gilt, 2 Bäume zu finden, die etwa 2 m auseinander stehen. Es ist gut, wenn der Platz zwischen den Bäumen einigermaßen eben ist. Die Bäume sollten nur so groß sein, dass du ihren Stamm mit beiden Händen umfassen kannst.

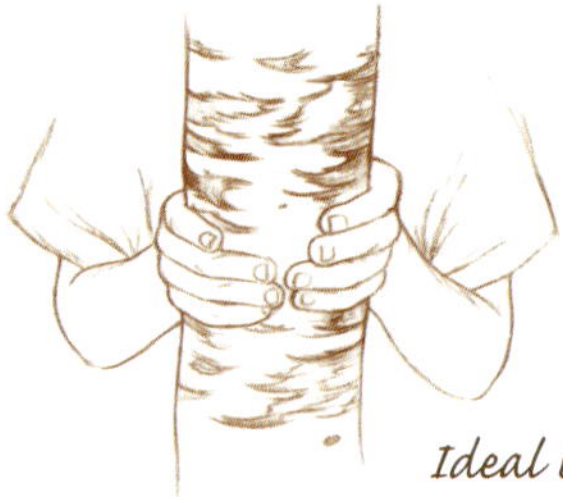

Ideal ist ein Stamm, den du mit beiden Händen umfassen kannst

Die Konstruktion

Befestige eine stabile Holzstange mit straff angezogenen Kreuzbund-Knoten waagerecht in Höhe deines ausgestreckten Armes an beiden Stämmen. An diesen Querträger lehnst du ungefähr alle 70 cm parallel ausgerichtete Längsstangen an und befestigst sie oben mit Schnüren oder Seilen. Dabei sollte das dünne Ende der Holzstangen abwechselnd mal nach oben und mal nach unten zeigen. An diesen Längsstangen machst du 3 oder 4 waagerechte Stangen fest, die über die gesamte Breite der schrägen Dachfläche reichen sollten. Dazwischen ziehst du mit 20 bis 30 cm Abstand Holzstöcke waagerecht ein, die nicht unbedingt über die gesamte Breite reichen müssen. Und schon ist die Laube (fast) fertig!

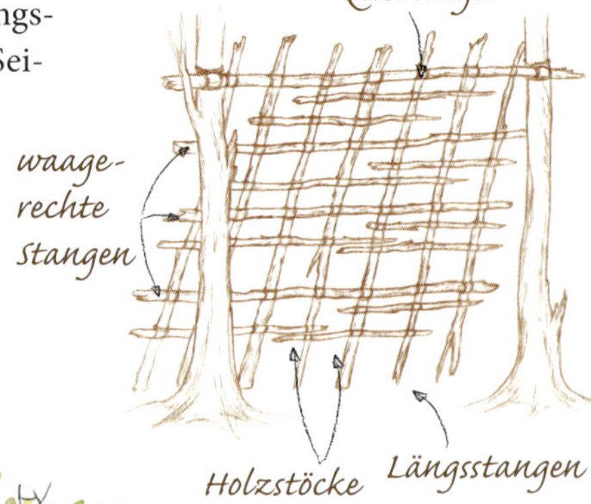

Die Abdeckung

Zur Dacheindeckung kannst du Zweige von umstehenden Bäumen verwenden, wobei die Ästchen in die waagerechten Stangen eingehakt werden. Arbeite immer von unten nach oben, so, wie es die Dachdecker auch tun. Das heißt, das Astwerk, mit dem dicken Ende nach oben, deckt immer über die vorherige Reihe. Um dem Ganzen mehr Festigkeit zu geben, kannst du über alles noch netzartig Schnüre verspannen.

Ein Schlafplatz in der Natur

Eine Hütte mit einem Satteldach, also mit zwei Dachflächen, die nur an den beiden schmalen Seiten offen ist, wie das Bild zeigt, erlaubt es dir, ganz komfortabel im Wald zu schlafen und die Geheimnisse der Nacht kennenzulernen. Genieße das Rauschen des Windes und des Baches (falls einer in der Nähe ist), höre den Schrei der Eulc und den früh morgendlichen Gesang der Vögel, nehme die schwächer werdenden Schatten wahr, die vorüberziehenden Sterne, den Mond und das erste Licht der Morgendämmerung...

Haselnusssträucher und Kastanienbäume

Haselnusssträucher und Kastanienbäume sind in der Natur häufig zu finden. Heruntergefallene oder liegengebliebene längere Äste und Ruten sind ideal, um daraus ein Dach zu bauen. Die biegsamen und leicht zu spaltenden Haselnussruten werden schon seit Urzeiten zum Flechten von Körben benutzt. Und das Holz der Kastanie diente früher den Holzfällern und Köhlern zum Bau ihrer Hütten im Wald.

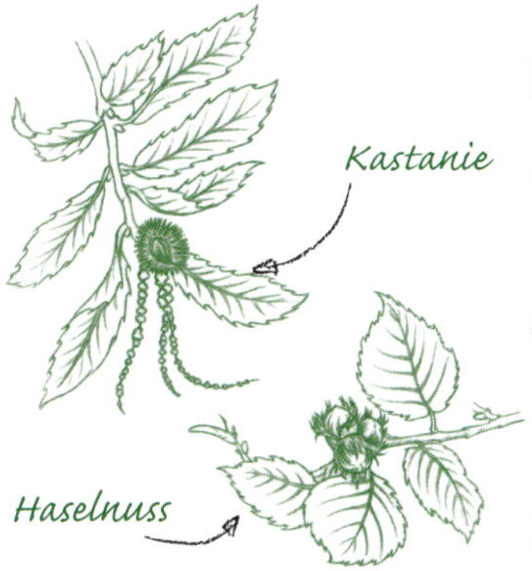

Konstruktion und Dachdeckung

Eine Hütte mit Satteldach entsteht, indem du auf der anderen Seite des Querträgers (siehe Konstruktion auf den Seiten 16, 17) eine zweite Dachfläche befestigst. Übrigens: Wenn du keine zwei günstig zueinander stehenden Bäume als Stützen für deine Konstruktion findest, kannst du die zweite Stütze aus 3 Holzstangen selbst herstellen.
Wenn du den oberen Querträger befestigt hast, bringst du mehrere sich oben kreuzende Stützen an, so, wie es auf der nebenstehenden Zeichnung zu sehen ist. Verstärke die Konstruktion, indem du waagerecht ein paar Stangen mit straff angezogenen Kreuzbund-Knoten zwischen die Längsstangen einbindest.
Grabe das untere Ende der Längsstangen am besten in die Erde ein. Diese Konstruktion wird trotzdem nicht so stabil sein, wie wenn sie zwischen zwei Bäumen befestigt ist.

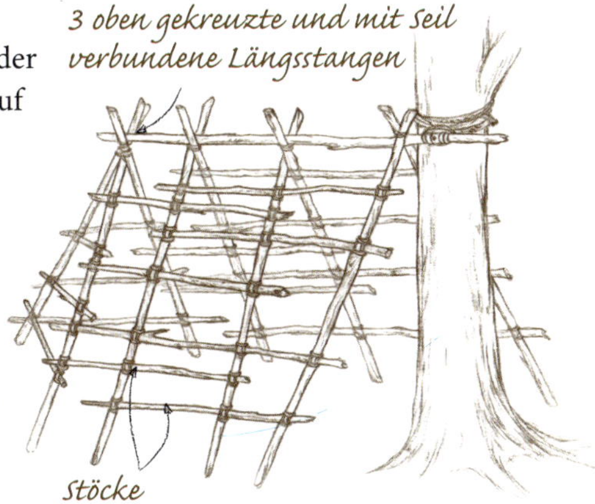

Verstärke die Konstruktion durch zusätzlich horizontal eingezogene Stöcke. Sie müssen nicht unbedingt über die gesamte Fläche reichen, es genügt, wenn sie 3 Längsstangen überspannen.

Den Körper in der Hütte, den Kopf in den Sternen

In der Hütte mit dem Satteldach wirst du am meisten von der Nacht wahrnehmen können, wenn du ausgestreckt mit dem Kopf zu einer der beiden offenen Seiten hin liegst. Um deinen Körper vor Bodenfeuchtigkeit zu schützen, kannst du dir selbst eine weiche Matratze herstellen: Du breitest eine Schicht Farnkraut aus, deckst sie mit einer Plastikplane ab und drückst sie mit deinem Körper gleichmäßig zusammen.
Natürlich kannst du stattdessen auch in einem Schlafsack auf einer Iso-Matte nächtigen.

Wandelemente

Wände und Türen, aber auch Dachelemente für schöne Hütten kannst du aus Paneelen herstellen, die du vorfertigst. Nachfolgend findest du drei gute Konstruktionen, die leicht zu bauen sind.

Wandelement aus Holzstangen

Mit dieser Konstruktion kannst du schnell eine stabile, feststehende Wand bauen, ohne dass es nötig ist, Äste oder Ruten dafür abzuschneiden. Schlage dort, wo die Wand stehen soll, alle 50 cm zwei Pfähle (trockenes oder grünes Holz) senkrecht im Abstand von einigen Zentimetern gegenüber fest in die Erde. Sammle trockene Holzstangen und lege sie dazwischen. Es können dünne und gerade Haselnussruten sein oder auch etwas dickere Rundhölzer aus trockenem Holz.

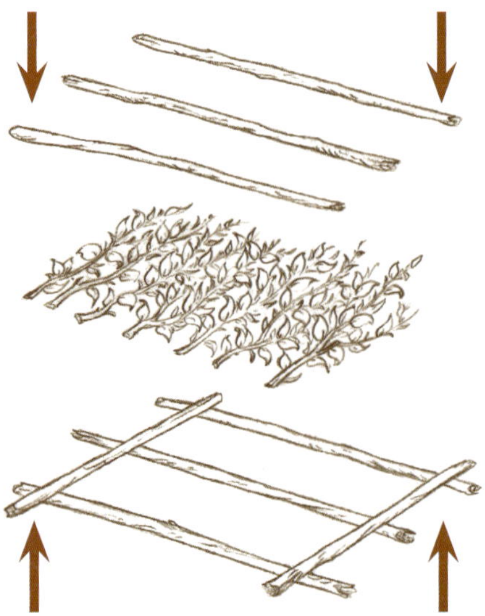

Das Sandwich-Element

Auch diese beweglichen Elemente lassen sich überall gebrauchen und sind schnell zusammengebaut. Hier muss das fertige Element ebenso wie die verwendeten Stangen richtig steif sein: Lege 3 stabile Holzstangen nebeneinander auf den Boden, und rechtwinklig darüber oben und unten je eine weitere Stange. Auf diesem noch losen Rahmen verteilst du nun gleichmäßig Deckmaterial aus Schilf, Farnkraut, Mimose oder Haselnusszweigen. Das Deckmaterial muss so lang sein, dass es über den Rahmen hinaus reicht. Lege 3 weitere Stangen senkrecht exakt auf die 3 unteren und schnüre das Ganze fest zusammen. Das Deckmaterial ist jetzt wie ein Sandwich eingepresst.

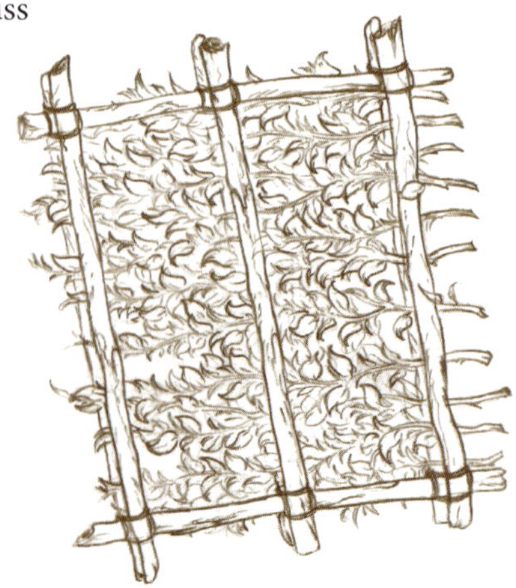

Geflochtenes Wandelement

Bei dieser Art von Wandelement sind die senkrechten Pfähle, die als Stützen für deine Konstruktion dienen, in den Boden eingerammt. Schneide alle Pfähle auf die gleiche Höhe, Anfangs- und Eckpfahl können etwas dicker und etwas länger sein. Grabe die Pfahlenden so in den Boden ein, dass sie in etwa eine gerade Linie bilden. Lass ausreichend Abstand zwischen den Pfählen, um bequem Ruten einflechten zu können. Sind alle Pfähle im Boden, werden die Ruten von unten nach oben eingewoben. Flechte sie abwechselnd vor und hinter jedem Pfahl ein und wechsele nach jeder Reihe die Richtung.

Sobald du die Höhe erreicht hast, die dein Wandelement haben soll, binde zur Stabilisierung eine Stange waagerecht am oberen Ende jedes Pfahles fest.

Ein Anbau nach Maß!

Die nutzbare Fläche deiner Hütte vergrößern kannst du auf einfache Art dadurch, dass du eine der beiden Dachhälften aufständerst. Und wenn du möchtest, kannst du deine Hütte auch mit seitlichen Wandelementen ausstatten, wie auf den beiden vorhergehenden Seiten beschrieben.

Die Konstruktion

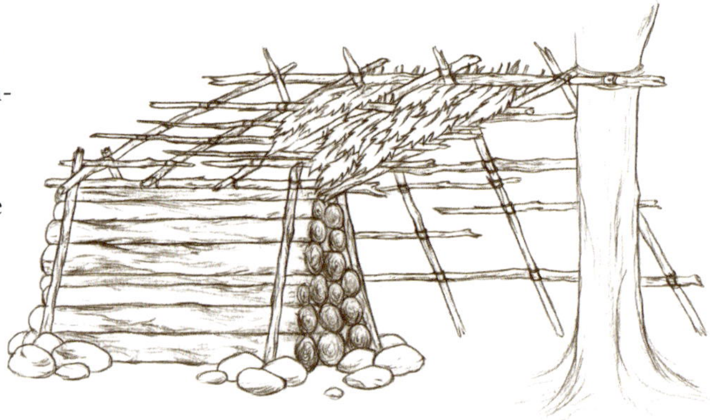

Baue die zweite Dachfläche deiner Hütte, wie auf Seite 19 beschrieben. Nur gräbst du die Längsstangen nun nicht unten in die Erde ein, sondern verbindest sie stattdessen mit einer stabilen Querstrebe. Achtung! Die Dachfläche wird viel Druck aushalten müssen. Damit sie stabil bleibt, werden mindestens 3 kräftige horizontale Stangen und die Querstrebe unten benötigt. Die Haltbarkeit der Konstruktion hängt davon ab, wie gut die Längsstangen an der oberen und unteren Querstrebe befestigt sind.
Decke die zweite Dachfläche mit Zweigen, die du mit Schnüren verspannst, oder befestige vorgefertigte Sandwich-Elemente (siehe Seite 20) auf der Holzkonstruktion. Nun kannst du die Dachfläche fast bis zur Höhe der oberen Querstrebe (First) anheben und aufstellen.

- Soll die Dachfläche nur wenig angehoben werden, kannst du die untere Querstrebe auf große Feldsteine oder einen kleinen Sockel aus flachen Steinen legen, den du später auch noch aufstocken kannst. Verkeile die Querstrebe gut mit Steinen, damit die Dachfläche nicht abrutscht. Bei aller Sorgfalt kann diese Konstruktion trotzdem etwas wackelig sein. Die Abbildung oben zeigt eine weitere, leider auch nicht sehr viel stabilere Möglichkeit, einen Sockel für's Dach herzustellen.

- Die Dachfläche fast bis zur Höhe der oberen Querstrebe anzuheben, hat den Vorteil, dass du in der Hütte aufrecht stehen kannst. In diesem Fall musst du die untere Querstrebe mit zwei gegabelten Holzstangen aufständern. Vielleicht kannst du die angehobene Dachfläche auch mit Seil an den Ästen des Baumes festbinden, an den du die Hütte angebaut hast. Am besten ist es natürlich, beides zu tun.

Von der Frühzeit bis heute: Das Vordach

Vor 15.000 Jahren vergrößerten die Menschen ihre Wohnfläche, indem sie Vordächer aus Fell vor die Eingänge ihrer Felsunterstände stellten. Sie hoben dazu eine Wand an und fixierten sie mit Hilfe von Holzstangen sowie Riemen aus Rentier- und Pferdeleder. Auch bei den Nomadenvölkern sind solche Dächer vor den Zelten oder Filzjurten gebräuchlich... Ebenso wie bei den heutigen Campern, wie die Vordächer an ihren Zelten und Wohnwagen beweisen!

Einsetzen und Verkeilen der Eckpfeiler

Um einen Holzpfahl fest im Boden zu verankern, bohrst oder schlägst du am besten ein Loch im Boden vor und rammst den Pfahl mit aller Kraft ein.

- Dann klemmst du ihn mit Holzkeilen fest.

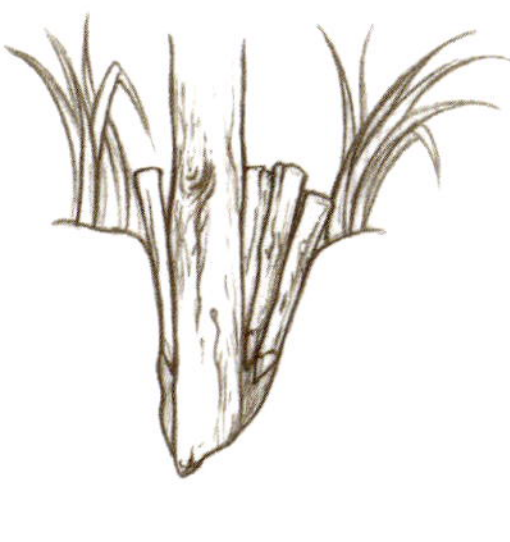

- Du kannst aber auch mit Hacke und Spaten ein Loch ausheben (so tief wie möglich, aber nur so breit wie nötig). Darin richtest du deinen Pfahl auf, verkeilst ihn mit dicken Steinen und füllst das Loch mit Erde auf. Der Pfahl ist aber nur dann gut im Boden verankert, wenn das Loch tief genug ist (mehr als 40 cm).

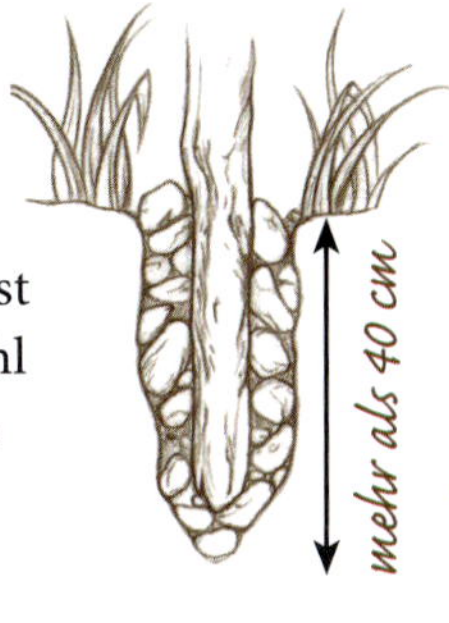

Die Laubenhütte

Bei dieser einfachen, leicht zu bauenden Hütte wird zuerst die rechteckige Tragkonstruktion errichtet, dann können die Elemente für die Wände und das Dach eingesetzt werden. Je nach Material für die äußere Hülle kann sie wie eine tropische Strandhütte oder wie eine Waldlaube aussehen.

Wo kannst du bauen?

Einzige Voraussetzung ist ein Boden ohne Steine oder große Wurzeln, in den du die Stangen gut eingraben kannst: eine Wiese, eine Waldlichtung oder ein Sandstrand sind als Bauplatz ideal.

Die Konstruktion

Du beginnst damit, an den Ecken einer rechteckigen oder quadratischen Grundfläche 4 kräftige Stützen aufzustellen, die Eckpfeiler. Setze dann einige Längsstangen als Zwischenstützen in den Boden. Am einfachsten geht das, wenn du die Stangen unten festhältst und sie mit deinem ganzen Gewicht und einer leichten Drehung deines Körpers in den Boden einbohrst. Dickere Stangen werden sich leichter eingraben lassen, wenn du mit einer Eisenstange die Löcher im Boden vorbohrst.
Dann bindest du mit Kreuzbund-Knoten horizontal Holzstöcke zwischen die Stützen, um die Konstruktion zu stabilisieren und zu verstärken.

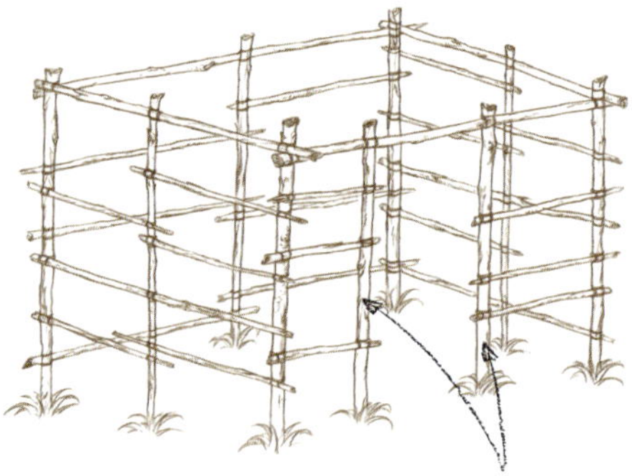

2 lange Stangen brauchst du für die Türöffnung

Die Hülle

- Pflanzen machen sich gut, um deine Konstruktion zu verkleiden: geeignet ist alles, was um deine Hütte herum in reichlichem Maße zu finden ist, wie z.B. Farnkraut, Ginster, Heidekraut (das trockene Unterholz), belaubte Äste von Bäumen (Buche, Eiche, Fichte, Haselnuss).
- Du kannst aber natürlich auch für die Wände und für das Dach Sandwich- oder Flechtelemente anfertigen, wie sie auf den Seiten 20-21 beschrieben werden.

Die Waldrebe

Die Waldrebe ist eine Kletterpflanze, die sich an Bäumen und Sträuchern festhält. Sie umklammert ihre Unterlage mit ihren Blattstielen und bildet Lianen, die sehr lang werden können. Je nach Sorte blüht die Waldrebe vom Frühjahr bis spät in den Herbst. Sie wirkt sehr elegant an Gartenlauben, Pergolen, alten Mauern und Drahtzäunen. Beim Hüttenbau kann dir die Waldrebe mit ihren biegsamen Zweigen für Verbindungen und als Dachmaterial nützlich sein: du kannst sie einfach auflegen, einflechten oder einknüpfen.

Freunde einladen

Deine Hütte ist ein kleines Zuhause! Wenn du verstehst, sie gemütlich zu gestalten, werden deine Freunde sich freuen, wenn du sie in deine Hütte einlädst. Damit ihr euch darin wohlfühlt, kannst du sie möblieren und mit Türen und Fenstern ausstatten. Noch besser: verwirkliche deine ganz eigenen Ideen! Baue deine Möbel selbst und verziere sie liebevoll mit Naturmaterialien.

Türen und Fenster

Tür: Schnell kannst du einen Eingang verdecken, wenn du Stoff oben an einen Querträger befestigst und ihn unten mit einem Stab beschwerst.

Der Stab kann in einen schnell genähten Saum eingeschoben werden oder er wird am Ende des Stoffes eingerollt und dann aufgehängt oder angetackert

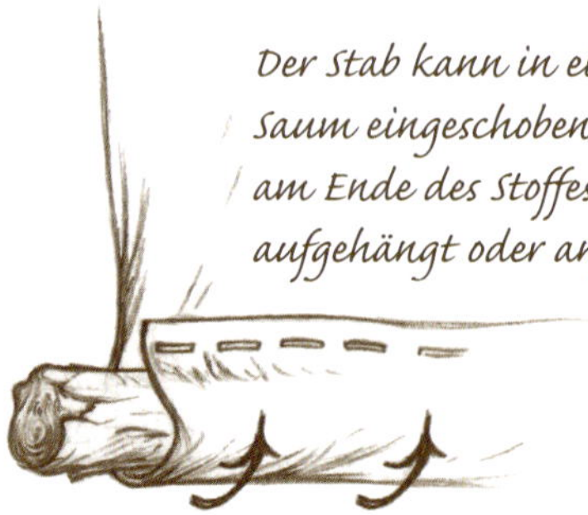

Fenster: Am einfachsten schneidest du mit der Gartenschere die gewünschte Öffnung aus der Wandverkleidung heraus oder lässt von vorne herein zwischen 2 Stäben eine Öffnung frei.

Ein Bullauge gibt deiner Hütte gleich einen gewissen Charme. Es ist allerdings etwas schwieriger herzustellen. Benutze zum Winden des Kreises frische Holzgerten, die gut im Saft stehen und biegsam sind (Kastanie, Haselnuss, Esche, Weide).

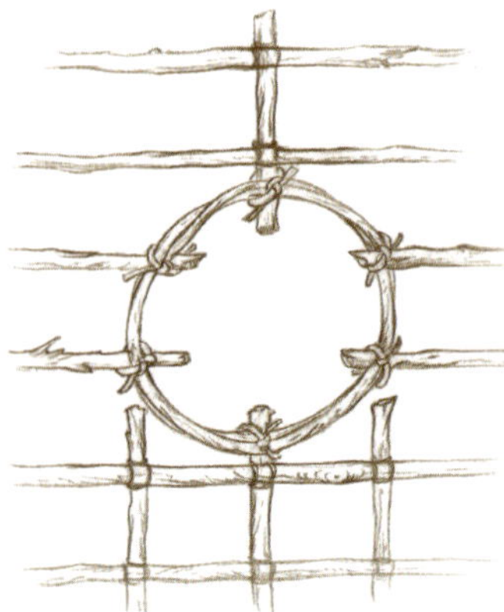

Selbstgebaute Möbel

Tisch und Stühle:
Sitzmöbel und einen Tisch kannst du ganz einfach aus Brettern und Ästen zusammenbauen.

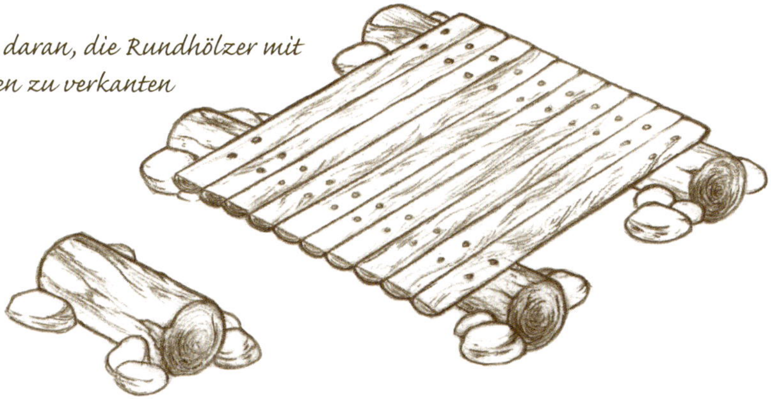

Der Dreifuß
Nimm 3 kürzere Holzstöcke und binde sie an der Spitze zusammen. Stabilisiere die Stützen mit Querstreben, wie auf dem Bild gezeigt ist, und fertig ist ein Gestell, auf dem du Gläser und Teller, Bücher oder einen Blumenstrauß abstellen kannst.

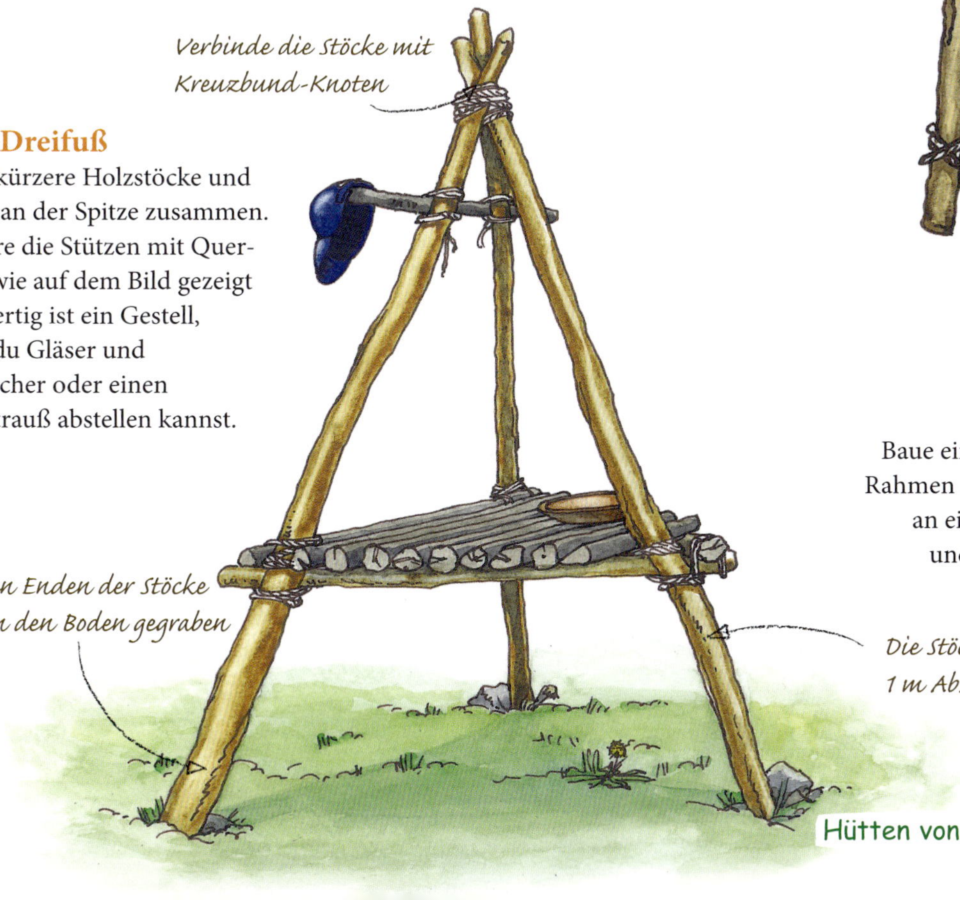

Praktisches Hängemöbel
Baue einen quadratischen oder dreieckigen Rahmen aus Ästen. Binde den Rahmen oben an eine stabile, feststehende Querstange und befestige unten einen dicken Stein als Beschwerung.

Beobachtungsversteck

Wer von einem Versteck aus Tiere beobachtet, wird schnell feststellen: Alles ist in Bewegung, vor allem in der Zeit zwischen dem Sonnenuntergang und der Nacht, wenn die Tiere des Tages jenen der Nacht begegnen. Richte dich deshalb am besten eine halbe Stunde vor Sonnenuntergang in deinem Versteck ein. Und vergiss nicht, für den Rückweg nach Hause eine Taschenlampe mitzunehmen!

Tiere fotografieren

Wenn Tierfotografen den großen Auerhahn, röhrende Hirsche, einen Raubvogel oder eine Dachsfamilie fotografieren wollen, machen sie es so: sie nehmen eine Plane oder ein Tarnnetz, ein paar grüne Äste und bauen sich daraus ein Beobachtungsversteck. Der Rest ist dann eine Sache des Windes, des Zufalls und der Ausdauer.

Wohin kannst du es bauen?

Richte dein Versteck am besten am Waldrand ein. So hast du einerseits vorne einen schönen Rundblick und andererseits Schutz und Tarnung durch die Vegetation hinter dir. Baue es mindestens ein bis zwei Tage, bevor du dich dort niederlassen willst. Die Tiere werden sich dann daran gewöhnt haben, dass dein Versteck dort steht.

Die Konstruktion

Das Versteck soll so unauffällig wie möglich sein, also baue es niedrig. Es darf auch krumm und schief dastehen. Wähle eine ganz einfache Konstruktion. Wichtig ist, sich gegen Bodenkälte zu schützen, am besten mit dicken Aststücken, auf denen du sitzen kannst. Du kannst aber auch eine Isomatte auslegen. Ist der Boden feucht, empfiehlt sich ein kleines Rost aus Rundhölzern und aufgenagelten Brettern. Lege den Eingang deines Beobachtungsverstecks – es kann auch nur 3 Wände haben – auf die Rückseite.

Die Tarnung

Die Tarnung deines Verstecks ist viel wichtiger als die Konstruktion, da es sich möglichst unauffällig in die Umgebung einfügen muss. Verkleide dein Versteck mit Astwerk und Reisig aus der Umgebung. Ist die Tarnung fertig, schneide mit einer Gartenschere kleine schmale Fenster oder breite Schlitze aus. Du kannst als Abdeckung auch eine Plane mit kleinen Öffnungen nehmen. Vermeide alles, was glänzt. Befestige die Plane gut, damit sie nicht im Wind flattert. Um deine Tarnung perfekt zu machen, bedecke dein Versteck, bevor du es nutzt, noch mit frischem Pflanzenwerk.

Höhlen nach Bärenart

Die Höhle des Braunbären aus Ästen und die Schneehöhle des Eisbären werden hier nach dem gleichen Prinzip gebaut: Loses Material für die Hülle wird zusammengetragen und über eine Tragkonstruktion gelegt. Bei der Schneehöhle wird die innere Tragkonstruktion nachher wieder abgebaut.

Der Braunbär

Die Höhle – wo bauen?

Im Wald kann ein umgestürzter Baum, ein gekippter Baumstumpf oder ein großer Ast bereits die Form einer niedrigen Höhle vorgeben.

Konstruktion und äußere Hülle

Verstärke und erweitere eine sich bereits andeutende Höhle mit Stangen und Ästen. Bedekke sie mit einem feinen Gitterwerk aus Zweigen (z.B. von Buche und Birke) oder Ruten von Ginster oder Schilfrohr. Das Ganze kannst du noch mit trockenen Ästen verkleiden und mit Schnüren netzartig befestigen.

Der Eisbär

Die Höhle – wo bauen?

Wenn der Schnee zu kalt ist oder „pulvrig“, wie man sagt, ist er für den Bau einer Schneehütte nicht geeignet. Um dir Klarheit zu verschaffen, machst du die Schneeballprobe. Wenn die Schneebälle gut zusammenpappen, ist der Schnee zum Bau der Schneehütte geeignet.

Konstruktion und äußere Hülle

Du schichtest z.B. aus den Rucksäcken deiner Kameraden oder aus strohgefüllten Säcken eine Kuppel auf und deckst alles mit einer Plastikplane ab. Nun schaufelst du mehrere Lagen Schnee auf die Plane und klopfst ihn Lage für Lage immer wieder mit der Schaufelrückseite fest. So entsteht bald eine große kompakte Schneekuppel. Jetzt musst du mit der Schaufel nur noch einen Zugang aushöhlen, bis du auf die Plane triffst. Hebe sie vorsichtig an, um zuerst die Säcke und am Ende auch die Plane herauszuziehen. Um den Raum in der Höhle zu vergrößern, entferne den Schnee am Boden der Kuppel und streiche die Wände innen glatt.

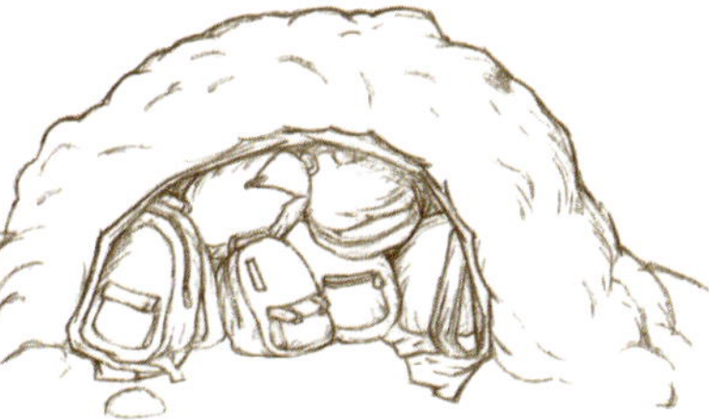

Schiebe die Seiten der Plane etwas unter die Säcke, um sie nachher leichter herausziehen zu können

Die Bärenhöhle

Während der 5 Monate, in denen der Braunbär in seiner Höhle schläft, lebt er von der gespeicherten Fettschicht des vergangenen Sommers. Das Weibchen säugt außerdem ihre Jungen, die mitten im Winter geboren werden, in dieser kleinen Höhle. Die Bärenjungen verbringen dort ihre ersten Monate in der tröstlichen Dunkelheit der Höhle und verlassen sie erst im Frühjahr, unter den wachsamen Augen der Mutter.

Geheimplatz im Gebüsch

Wunderbare, beinahe fertige Hütten kannst du in der Natur finden – du musst sie hinter den üppigen Büschen und Bäumen nur erahnen können. Der Trick ist, die Hütte vor deinem inneren Auge erscheinen zu lassen. So gehen Forscher zu Werke, wenn sie einen Schatz, eine Grotte, ein römisches Lager suchen ... Hast du einen solchen Geheimplatz im Gebüsch gefunden, brauchst du nur noch sein Inneres zu gestalten.

Wo kannst du einen Geheimplatz finden?

In Parks oder großen Gärten findest du, sehr oft in der Nähe einer Mauer, „Baumkugeln" aus ausgehöhltem Buschwerk, die aussehen wie auf die Erde aufgesetzt. Auf Wiesengelände hast du am Rande von Böschungen oder Gräben die größte Chance, derart ausgehöhltes Buschwerk zu finden. Kriechе auf allen Vieren unter das Gewirr von Ästen und versuche dort einzudringen; in diesem Durcheinander von trockenen Ästen und Zweigen kann sich der Innenraum deiner Naturhütte auftun.

Es war Marie, die ihn gefunden hat, unseren Geheimplatz im Gebüsch! Du musst zuerst an der Umzäunung des Parks entlanggehen, zwischen der Mauer und den Buchsbäumen. Am Anfang kannst du dich aufrecht bewegen, später musst du auf allen Vieren bis zum großen Lorbeer kriechen. Seine Äste reichen bis auf den Boden. Von außen betrachtet, sieht alles wie eine riesige Kugel aus Laub und undurchdringlichem Dickicht aus, drinnen aber ist ein Raum, ein richtig kleiner, feiner, schattiger Raum, völlig unsichtbar. Niemand würde das vermuten! Am besten ist, die Naturhütte so zu lassen, wie sie ist. Und wenn wir beide ganz für uns sein wollen... Schwuppdiwupp sind wir darin verschwunden!

Es kratzt und sticht – es tut weh!

Das ist das Hauptmerkmal all dieser Naturhütten, bevor sie sauber ausgeräumt sind: Dürre Äste und Zweige, Dornen, Splitter, Staub, Lianen, Brombeer- und Schwarzdorngestrüpp behaupten den Platz, den du erobern willst. Der Kampf wird mühsam sein. Um den Ort zu erkunden und ihn vor allen Dingen zu gestalten, rüste dich mit alten und dichten Klamotten aus, mit einer Mütze und dicken Arbeitshandschuhen.

Was ist zu tun?

Deine erste und heikelste Arbeit wird das Saubermachen sein, damit du einen Raum freilegen kannst: ausschneiden, aushacken, ausräumen - dürre Äste, Lianen, Stauden, Brombeergestrüpp - alles was im Weg ist, muss raus. Zerstöre dabei aber auf keinen Fall wichtige Pflanzenteile! Achte auf Äste, die sich zur wohnlichen Ausstattung nutzen lassen und vor allem auf die, die das Laubwerk außen tragen und deinen Raum schützen. Damit dein Geheimplatz verborgen bleibt, muss der Zugang klein sein. Mach ihn gerade so groß, dass du hinausschauen kannst, ohne gesehen zu werden.

Der Schlupfwinkel

Zufällig entdeckt, wird eine Höhle zur geheimen Hütte, sie ist fast schon fertig, versteckt am Fuße einer Felswand, in Geländeeinschnitten, in Gräben oder bei großen Felsen. Oft ist der Eingang von dichtem Buschwerk verborgen... Finde einen solchen Platz, nutze ihn und baue ihn aus!

Konstruktion und Hülle

Gräben und Löcher: Über ein Loch, einen Graben oder oben zwischen zwei Felsen kannst du einige lange Holzstöcke legen. Am Rand von Büschen kannst du ein Netz aus Schnüren oder Seilen spannen. Als Umhüllung legst du einfach loses Pflanzenmaterial oder schnell zusammengeschnürte Sandwichelemente (siehe Seite 20) darüber. Du kannst mit einer Schaufel oder einem Gartenwerkzeug den Boden ebnen oder ein Stück Boden ausheben, um mehr Platz zu haben.

Zu deiner Sicherheit: Geh nie ohne einen Erwachsenen in alte Häuser oder Ruinen; sie könnten über dir einstürzen! Eine Mauer kann unter Umständen komplett umfallen, wenn du nur ein bisschen an einer Efeuranke, einer Waldrebe oder an der Wurzel eines Strauches ziehst!

Die Höhle: Wenn du einen kleinen Hohlraum am Fuße einer Felswand gefunden hast, ist das Dach bereits natürlich geschlossen. Eine kleine Mauer aus flachen Steinen oder einem Sandwichelement reicht dann aus, um den Eingang abzuschirmen und dich wie zu Hause zu fühlen. Du kannst auch den Felsen selbst als Stütze benutzen, um eine Hüttenwand dagegen zu lehnen.

Achte auf Strukturen in der Natur und mache sie dir für den Bau deiner Konstruktion zu Nutze

Schäferhütten

In den Bergen Frankreichs zum Beispiel gibt es diese Schäferhütten noch. Der Schäfer sucht sich einen Hohlraum unter einem großen Felsen, ebnet die Erde und baut eine kleine Steinmauer zwischen Boden und Felsdach. Eine Tür aus ein paar Brettern, ein Loch, damit der Rauch des Feuers abziehen kann und schon hat seine Sommerhütte Form angenommen. Manche dieser Hütten sind aufgegeben. Andere aber, meist die etwas versteckter liegenden, dienen noch immer als Zuflucht für Wanderer mit ihrem riesigen Felsdach, einer Pritsche zum Schlafen und etwas Feuerholz neben einem winzigen Kamin. Gut behütet, im Warmen, im Land der Hirten, kann der Wanderer traumhafte Nächte inmitten der Berge verbringen.

Der Kuppelbau

Bei fast allen Völkern der Erde sind Kuppelbauten bekannt, deren Tragkonstruktion aus biegsamen Ästen besteht. Mit dieser Bauweise können einfache Hütten mit einem runden Innenraum errichtet werden, die recht geräumig sind.

Die Kuppeln

Die australischen Ureinwohner bedeckten ihre Kuppeln mit großen Stücken Baumrinde, die Pygmäen mit riesigen Blättern, die Buschmänner mit Astwerk und Kräutern, die Alakalufs aus Feuerland mit Fellen, die Beloutchen aus Zentralasien mit Ziegenwolle! Wir haben also nichts Neues erfunden mit unseren modernen Camping-Igluzelten, den Kuppeln aus biegsamem Metall- oder Glasfiberstangen.

Wo kannst du eine Kuppel bauen?

Nur junge, lange Äste von Kastanien, Haselnusssträuchern und bestimmten Weiden sind dank ihrer Biegsamkeit für diese Art von Hütte geeignet. Die Kuppel findet deshalb dort ihren Platz, wo es reichlich biegsame, lange Äste gibt und einen genügend weichen Boden, in den sie leicht eingegraben werden können.

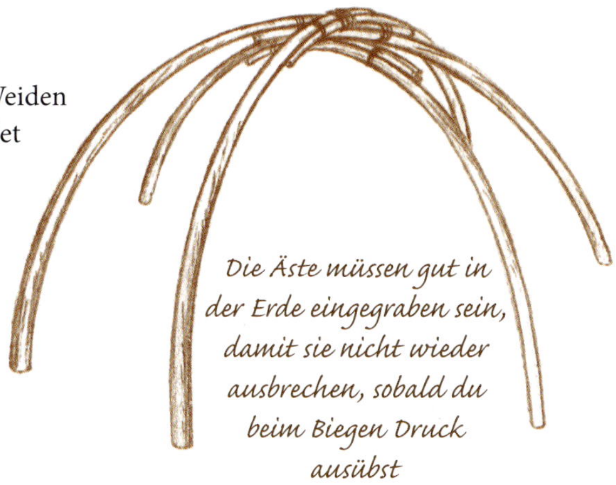

Die Konstruktion

Die Äste von grünem Holz sind zwischen dem Ende des Frühjahres und der Mitte des Sommers biegsam. Zeichne am Boden einen Kreis, so groß wie deine zukünftige Hütte sein soll, und pflanze darauf junge, lange Äste ein, jeweils 2 gegenüber. Die bindest du oben zusammen. Hast du sehr lange Äste, dann kannst du sie auch, bogenförmig gespannt, an ihren beiden Enden eingraben. Das ist zwar die eleganteste Lösung, der Innenraum wird dann aber kleiner.

Die Hülle

Moderne Baustoffe sind sehr gut als Abdeckung für den Kuppelbau geeignet.

- Karnickeldraht (oder ein Geflecht mit etwas größeren Maschen) hat den Vorteil, sich in alle Richtungen biegen zu lassen, kann sich also jeder Konstruktion gut anpassen und ist sparsam im Materialverbrauch. Das Drahtgeflecht kannst du mit Schnur an den Ästen befestigen.
- Kunststoff-Planen: Silage-Folien, Planen und Netze... Es gibt besonders in landwirtschaftlichen Betrieben eine Vielzahl von Abdeckungen, die sich schnell auf Kuppel-Konstruktionen aufbringen lassen.

Die Ränder des Drahtgeflechts sind mit freien Drahtspitzen gespickt, an denen du dich verletzen kannst. Sei also sehr vorsichtig. Es empfiehlt sich, entweder von Hand mit Handschuhen oder mit einer Zange, alle freien Enden in die Maschen zurückzubiegen

Die Recycling-Hütte

Wenn du mit offenen Augen durch die Gegend läufst, kannst du mancherlei brauchbares Material für deine Hütte entdecken: Transportpaletten, Steinplatten, gebrauchten Teppichboden, einen alten Zaun und vieles mehr. All diese Materialien können auf die eine oder andere Art für deine Hütte nützlich sein.

Die Hütte – angelehnt oder freistehend?

Ein oder mehrere Bäume sind als Halt für deine Hütte sicherlich gut. Steife Platten und Paletten erlauben aber, die Wände auch freistehend zusammenzubauen.

Die Konstruktion

Die Paletten kannst du schnell zusammenbauen, indem du sie aneinander befestigst oder auf ein Holzgerüst nagelst und sie dann mit einem Dach versiehst.

Drei Gefahren!

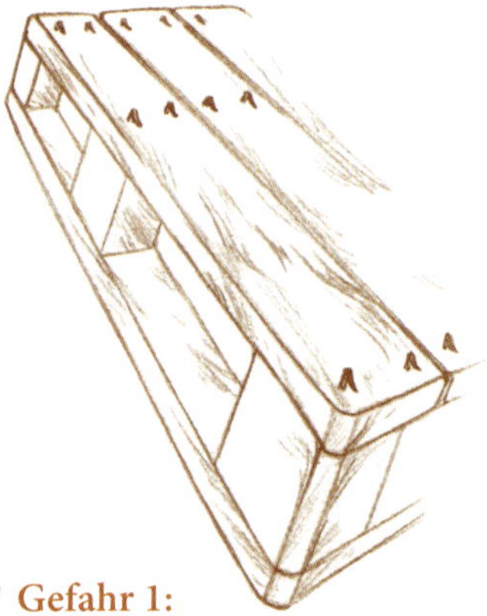

Gefahr 1: Aus den Paletten ragen Nägel und Klammern heraus, die eine ständige Verletzungsgefahr sind. Ziehe sie mit einer Zange heraus, oder, wenn das nicht gelingt, schlage die Metallteile mit einem Hammer ins Holz zurück.

Gefahr 2: Oben und über dir verbaute schwere Materialien wie Paletten, Holzplatten und Teppichboden (vor allem, wenn er nass geworden ist) bergen bei Einsturz immer die Gefahr schlimmer Verletzungen.

Gefahr 3: Bleche, gewellt oder flach, sind durch ihre scharfen Kanten extrem gefährlich. Ein einziger falscher Griff kann schlimme Schnittverletzungen zur Folge haben. **Verwende sie daher niemals !**

Die Kunst der Wiederverwertung

Das Wiederverwerten und Umarbeiten von ursprünglich für andere Zwecke benutzte Stoffe und Objekte ist längst zu einer künstlerischen Praxis geworden. Je nach Eingebung spielen die Künstler nach Belieben mit Materialien und deren Formen. Manchmal entstehen dann daraus richtige Kunstwerke - seltsame und witzige.

Die Hülle

Fundstücke aller Art wiederzuverwerten ist das Motto für diese Hütte. Sammle und benutze alles, was dir in die Finger kommt. Naturmaterial oder Kunststofffolie – du kannst alle möglichen Baustoffe mischen.

Das Nomadendach

Das Nomadendach ist leicht, transportabel und fast überall blitzschnell auf- und abzubauen: Im Wald, an einem Felsen, selbst bei Regen und auch für nur eine Nacht. Deine Lust, an einem bestimmten Platz zu bleiben oder deine Reise fortzusetzen, wird die Stelle bestimmen, an der du dein Nomadendach errichtest.

Die Konstruktion

Du brauchst nur eine Plane mit Ösen, 2 Haselnussstangen und Zeltschnüre.
Sind nicht genügend Bäume in der Nähe, an denen sich die Plane befestigen lässt, kannst du sie auch mit Stangen abstützen. In der Abbildung links siehst du, wie die Plane mit Hilfe von 2 nach außen geneigten Stangen gespannt wird, die wiederum mit Feldsteinen beschwert sind. Sind 4 Bäume vorhanden, macht es Sinn, wenn du die Plane in der Mitte durch einen Pfosten stützt, damit sie nicht durchhängt und das Regenwasser gut abfließen kann. Natürlich kannst du dir auch Konstruktionen ausdenken, wie die nutzbare Fläche größer wird: Befestige die Plane zum Beispiel so an den Baumstämmen, dass du zwischen ihnen noch ein Pultdach (siehe Seite 16 und 17) anbauen kannst.

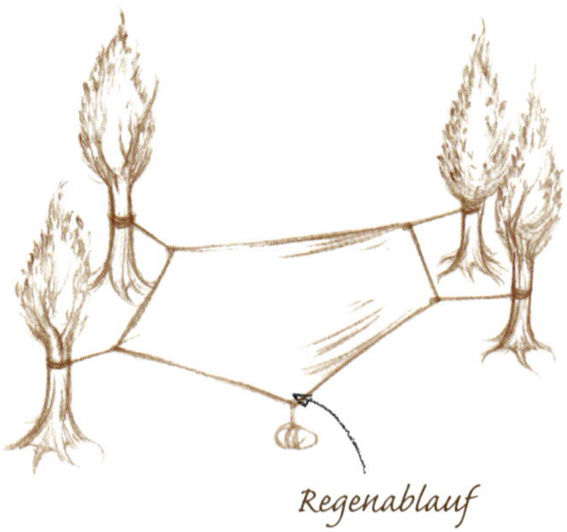

Regen und Wind

Um bei Regen Wasseransammlungen auf der Plane zu verhindern, spannst du die Plane gut straff und formst einen Regenablauf, indem du an einer Öse eine Schnur befestigst und sie mit Steinen beschwerst. Vorsicht, wenn es sehr windig ist: Starker Wind kann deine Plane beschädigen.

Ein Trick

Eine Plane, die nur durch Stangen gestützt wird, kann sehr leicht an der Stelle reißen, an der die Stangen drükken. Um das zu vermeiden, bohre alte Tennisbälle an und spieße jeweils einen auf das obere Ende jeder Stange.

Transport einer Nomadenhütte

Eine Hütte schnell auf- und abzubauen, ist eine Kunst. Es ist aber ebenso eine Kunst, sie so einfach wie möglich an eine andere Stelle zu bringen. Der Transport der sogenannten „Katje" beispielsweise, so wird das Zelt der Lappen genannt, geschieht auf dem Rücken von Rentieren, das Tipi der Indianer in den amerikanischen Ebenen wird von Pferden transportiert. Sowohl die Lappen als auch die Indianer binden dabei sehr lange Stangen zu einem einfachen Schlitten zusammen, um den Rest des Baumaterials wie auf Kufen hinterher zu ziehen.

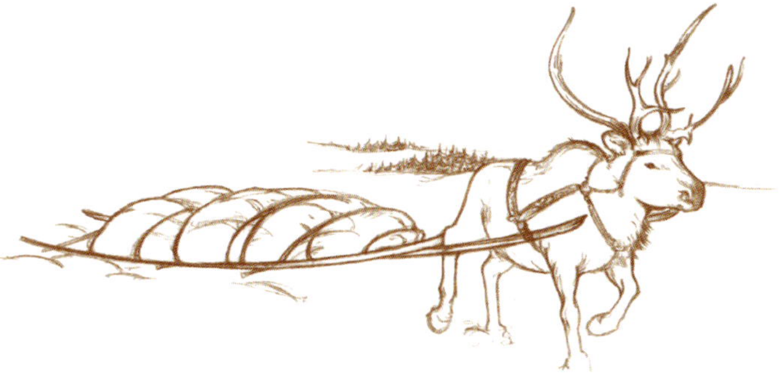

Die Maxi-Hütte

Die Maxi-Hütte mit Tür und Fenster ist schon fast ein kleines Haus. Du kannst sie aufrecht betreten und sie ist groß genug für Tisch und Bank, um dort ganz gemütlich Proviant verzehren zu können. Doch Vorsicht, das wird eine richtige kleine Baustelle, die mehrere Nachmittage Arbeit in Anspruch nehmen wird!

Wo kannst du die Hütte bauen?

Auch hier ist es wieder gut, ein, zwei oder drei Bäume zu finden, die als feste Stützen dienen, um die Querträger für das Dach bzw. das obere Ende der Pfosten daran zu befestigen. Für eine ausreichende Stabilität brauchst du mindestens drei feste Punkte im oberen Teil deiner Konstruktion. Mit weniger festen Punkten wird deine Hütte sehr instabil werden.

Verbinde die Pfosten am Kreuzungspunkt mit Knoten (Seite 15) fest miteinander und mach sie gut am Baum fest

Die Konstruktion

Das Wichtigste sind möglichst genaue Vorüberlegungen und ein solider und gut befestigter Rahmen für das schräge Dach. 4 Pfosten für die Wände und 4 Querstreben für das Dach liefern dir eine Art Gerüst.

- Die Verankerung der Pfosten im Boden: Wenn die Pfosten oben am Baum gut befestigt werden können, reicht ein 20 cm tiefes Loch; wenn sie frei stehen, musst du die Löcher bis zu 50 cm tief ausheben und die Pfostenenden im Boden gut verkeilen, wie auf Seite 23 beschrieben.
- Die schräge Dachfläche ruht auf 2 Querträgern und muss sehr fest an die Eckpfosten angeschnürt werden. Diese Querträger sichern endgültig die Stabilität deiner Hütte, indem sie untereinander fest verbunden und möglichst auch noch an einem Ast, einer Astgabel oder einem Baumstamm festgeschnürt sind.

Das Ausfachen der Konstruktion

Für das Dach ist es das Einfachste, ein oder zwei Paneele am Boden vorzufertigen, sie dann hochzuziehen und festzuschnüren. Für die Wände kannst du weitere Pfosten hinzufügen und die Flächen mit Flechtwänden oder Sandwich-Elementen ausfachen (siehe Seite 20/21). Lass für Tür und Fenster Öffnungen frei und bringe dort Vorhänge an – fertig ist die Hütte.

Im Baumhaus

Eine überdachte Plattform und eine Leiter, mehr braucht es nicht, um in einem Baum zu hausen, hoch über dem Rest der Welt zu träumen, zu schlafen, zu schreiben oder Musik zu hören. Wenn du oben bist und die Leiter erst einmal eingezogen ist, hast du dort ein sehr privates Reich. Aber aufgepasst, das ist eine verflixte Baustelle. Der Bau ist langwierig und schwierig und du brauchst die Hilfe eines Erwachsenen.

Wo kannst du dein Baumhaus bauen?

Es ist ganz wichtig, den richtigen Baum für dein Vorhaben zu finden, er muss kräftig und tief verwurzelt sein. Kastanien und Platanen sind perfekt für Baumhütten. Am besten geeignet ist ein ausladender Baum mit einem kurzen, dicken Stamm. Eine Baumgruppe mit mehreren Stämmen oder 3 jüngere Bäume, die nah beieinander stehen, können mitunter auch eine gute Basis für dein Baumhaus bilden. Schau die Äste gut an, auf denen deine Plattform aufliegen soll: Sie sollten möglichst waagerecht vom Stamm abstehen und sich mindestens in einer Höhe von etwa 2 Metern befinden, so dass du vom Boden aus arbeiten kannst.

Die Konstruktion

Die Konstruktion muss so stabil sein, dass deine Sicherheit immer gewährleistet ist – absolut immer!

- Die 3 (oder mehr) Stützen und die Verbindungspunkte mit den Kreuzbund-Knoten müssen in bezug auf Haltbarkeit jeder Prüfung standhalten! Es empfiehlt sich, die Knotenverbindungen mit großen Zimmermannsnägeln zusätzlich zu fixieren.

Es ist eine wirklich schwierige Aufgabe, die stabilen waagerechten Träger – sie bilden die Auflager für deine Plattform – zu einer geometrischen Form (Dreieck oder Viereck) zu verbinden

Die Kreuzbund-Knoten zur Verbindung der Stützen und Querstreben müssen sehr solide sein

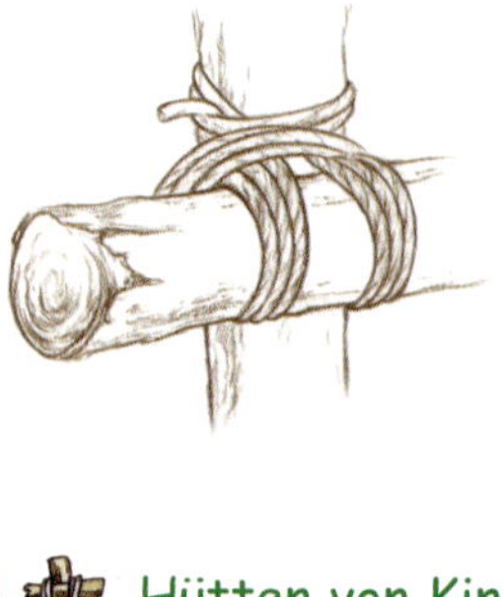

- Auf diese Auflager werden stabile, gleich dicke Stangen oder Bretter gelegt und mit den waagerechten Trägern zusammengebunden bzw. zusammengenagelt.
- Aus Sicherheitsgründen ist es nötig, rund um die Plattform noch ein stabiles Geländer anzubringen.

Die Baum-Menschen

Die *Korowai* aus Indonesien bauen ihre Häuser in die Wipfel von Bäumen, etwa 10 Meter über dem Erdboden. In dieser Höhe ist nicht nur die Luft frischer, es gibt dort auch viel weniger Mücken. Obendrein sind sie vor feindlichen Angriffen geschützt – auch vor Zauberern. Auf der etwa 5 bis 8 m^2 großen Plattform spielt sich das Familienleben ab, hier wird gegessen, geschlafen und die Umgebung beobachtet. Die Plattform ist ein sicherer Ort, denn der einzige Zugang nach oben besteht aus einer langen, in Form einer Leiter eingeschnittenen Stange.

Die Wochenendlaube

Bretter, Bohlen und Nägel zum Bau und ein Garten als Bauplatz: Diese Laube kann mehrere Jahre überstehen. Du brauchst einen fachkundigen Erwachsenen an deiner Seite, um dieses Projekt anzugehen, einen Plan zu erstellen, Maß zu nehmen und die Fundamente zu bauen.

Die Konstruktion

Das Fundament

Dies ist eine Hütte, die auf stabilen, in der Erde verankerten Pfosten stehen sollte. Die Pfosten werden unten möglichst in Beton eingegossen oder, besser noch, mit Fundamentankern aus Stahl im Betonfundament befestigt. An diese 4 (oder mehr) stabilen Pfosten werden die Wände und der Dachstuhl genagelt oder geschraubt. Ein Dach mit nur einer schrägen Fläche ist natürlich konstruktiv einfacher als eines mit zwei Schrägen. Die Wände aus Brettern sind nicht schwierig zu bauen und machen die Laube gemütlich.

Hütte aus Plattenbauteilen

Du kannst auch eine Hütte ohne Fundamente, nur aus Bohlen, Sparren und Platten (angemalte Holzfaserplatten, gebeizte Sperrholzplatten etc.) zusammenbauen, so, wie auf der Zeichnung zu sehen ist. Die Platten werden zugeschnitten und nach und nach mit den anderen Plattenteilen mit Hilfe von Leisten zusammengesetzt und festgeschraubt. Achtung: Fehler in der Planung oder beim Zuschnitt lassen sich nur schwer korrigieren. Diese Hütte ist auch weniger stabil als die mit einem richtigen Fundament. Weitere Stützwände und Querverbindungen einzuplanen und hinzuzufügen macht Sinn, denn sie geben der Konstruktion zusätzlichen Halt.

Die Laube – Ort der Sommerfrische

Die kleine Strandlaube unten, entstanden im 19. Jahrhundert, geht auf eine Tradition aus Südfrankreich zurück. Früher versammelten sich die Familien dort an Sonntagen und im Sommer, um die Ruhe und die Natur zu genießen und sich vom Alltagsleben zu erholen. Auch wenn heute viele der alten Lauben verschwunden sind, ist die Tradition dennoch erhalten geblieben. In Angler- und Gärtnerkreisen stehen die Lauben noch heute hoch im Kurs. Sie dienen ihnen zum Schutz oder als Schuppen für die Werkzeuge. Trotzdem gibt es immer genügend Platz für einen kleinen Tisch und einige Stühle, um Raum zum Gedankenaustausch und für Gastlichkeit zu haben.

Diese kleine Strandlaube streckt ihre „Füße" ins Wasser

Die lebende Laube

Das Besondere an dieser Laube ist, dass sie wächst. Errichtet aus jungen, lebenden Weidenruten schmücken sich ihre Wände und das Dach den ganzen Sommer über mit grünem und frischem Blattwerk. Im Laufe der Jahre wächst die Laube, sie wird größer und kann von Jahr zu Jahr weiter gebaut werden.

Die Korbmacher

Die Korbmacherei oder die Kunst, pflanzliche Fasern zu flechten, ist ein sehr altes Handwerk, das bis in die Steinzeit zurückgeht. Mit Flechtwerk können vielfältige und nützliche Dinge hergestellt werden: Körbe, Truhen, Sitzflächen, Kiepen, Wiegen... Der Korbmacher benutzt Pflanzen aus seiner Umgebung, in Deutschland je nach Region vor allem Haselnuss, Korbweide und bestimmte Teile der Trauerweide.

Wo kannst du eine lebende Laube bauen?

An den Ufern großer und vor allem kleinerer Flüsse, mitunter am Rande von Äckern, ist die Weide mit ihren langen Blättern häufig zu finden. Bevor du anfängst, die jungen Pflanzen zu schneiden, sollte der Standort deiner Laube klar sein. Die Pflanzen sind wenig anspruchsvoll und gedeihen, so lange der Boden nicht extrem trocken ist. Die jungen Ruten kannst du nach und nach schneiden und pflanzen – innerhalb von ca. 3 Wochen – wenn du die geschnittenen an einem schattigen und feuchten Ort lagerst. Schneiden und Pflanzen kannst du die Ruten zwischen November und Mai, ideal ist der März.

Die Konstruktion

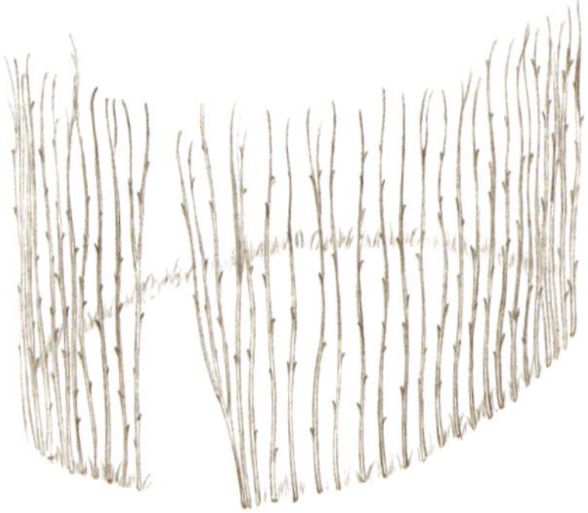

Zeichne den Grundriss, einen Kreis oder ein Rechteck, auf die Erde. Hebe entlang des Grundrisses einen Pflanzgraben aus und setze alle 20 cm junge, grüne Ruten ein, abwechselnd große und kleine. Die dünnen Ruten schneidest du vorher mit der Gartenschere unten ein; bei den dickeren entfernst du mit einem Messer die Rinde unten etwa 10 cm weit. Die kleineren Ruten (30 bis 80 cm Länge) gräbst du ca. 20 - 30 cm tief in den Boden ein, die größeren (1 bis 2 m langen) etwa 40 – 60 cm. Nach der Pflanzaktion füllst du den Pflanzgraben wieder mit Erde auf und trittst sie gut fest.

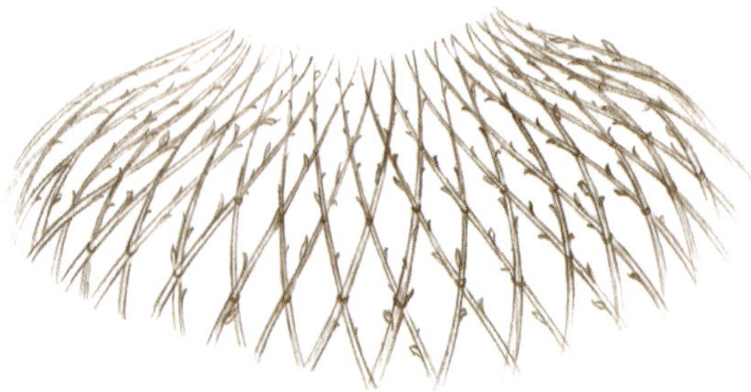

Wenn die Ruten fest in der Erde sind, bindest du zunächst zwe gegenüberliegende in der Höhe zusammen und verflechtest dann alle weiteren immer paarweise miteinander. Vergiss nicht, danach die Stecklinge zu bewässern.

Die Hülle

Das ist das Wunderbare an dieser Laube: Im Frühjahr entwickeln sich an den geflochtenen Trieben von ganz allein die Blätter! Zwei Arten von Flechtwerk sind möglich:

- Totes Flechtwerk: Es dient der Stabilität, wenn du im unteren Teil der Laube etwa 1 m lange, geschnittene Ruten waagerecht einflechtest.
- Lebendes Flechtwerk: Vergiss nicht, an den Ruten einige kleine Seitentriebe stehen zu lassen und abwechselnd große und kleine Ruten zu pflanzen. Es sind die vielen jungen Äste, die du nach und nach seitlich einflechten kannst, wenn sie groß genug sind. Sie werden deine Laube im Laufe der Jahre immer dichter schließen. Du kannst sie hier und dort auch provisorisch mit Schnur oder Bast anbinden.

Ein eleganter Türbogen

Du kannst deine Hütte mit einem schicken Türbogen schmücken: Biege eine schöne, lange Weidenrute so, dass du sie bogenförmig mit beiden Enden in der Erde einpflanzt. Der Bogen wird an diesen beiden Enden anwachsen und Blätter bilden!

Die Weide

Von der Weide gibt es mehrere hundert Arten. Manche können im Jahr 3 bis 4 m lang wachsen, andere bleiben klein.
Die meisten Weiden mögen es, wenn der Boden etwas feucht ist. Einjährige Weidenruten eignen sich für feine Flechtarbeiten, zweijährige Ruten sind nicht mehr so biegsam. Für deine Laube solltest du am besten Weiden mit langen und hellen Blättern, ähnlich denen der Korbweide nehmen.

Das Iglu der Eskimos

Das Iglu ist ein Bauwerk aus Schnee, in dem man vor Wind und Kälte geschützt ist, selbst wenn die Innentemperatur kaum die Null-Grad-Grenze übersteigt. Allerdings muss der Schnee ausreichend „pappig" sein, und für den Bau sind viel Zeit und ein Minimum an Technik nötig.

Was ist für das Bauen wichtig?

Der Schnee muss fest und die Schneehöhe über mehrere Wochen bis auf eine Höhe von mindestens 40 cm angewachsen sein. Das ist der Grund, warum es fast nie möglich ist, ein Iglu in der Ebene zu bauen.

Die Hülle

Du brauchst vor allem mehrere Schneeschippen, Plastikbehälter und vielleicht noch einen Fuchsschwanz oder eine andere Säge.

- Die Plastikbehälter sind nützlich, um aus dem Schnee feste, rechteckige Blöcke auszustechen. Es ist besser, für die ersten Reihen nahe am Boden des Iglus mit kleinen, eher schmalen Blöcken zu arbeiten.
- Den Bau des Iglus beginnst du damit, dass du mit den Füßen eine ebene Fläche in den Schnee stampfst. Befestige Schnur an einem Stock (z.B. Skistock) und stecke den Stock in der Mitte in den Boden. Mit einem weiteren Stock, an dem du das lose Ende der Schnur befestigt hast, kannst du nun einen perfekten Kreis in den Schnee zeichnen.

Schneemenschen

Alle Welt weiß, dass das Iglu das Haus der Eskimos ist. Sie benutzen diese Art von Haus aber nicht ständig und bauen es auch nicht immer in der gleichen Weise. Ein Iglu für unterwegs ist klein (2 m Durchmesser) und sehr einfach gebaut. Das dauerhafte Iglu, in dem die Eskimos während der harten Wintermonate wohnen, kann dagegen einen Durchmesser bis 8 m haben und 4 m hoch sein. In solch großen Iglus finden bis zu einem Dutzend Personen Platz!

Die Schneeblöcke werden dicht an dicht auf dem gezeichneten Kreis aneinander gelegt. Derjenige der mauert, ein Erwachsener, steht in der Mitte und setzt und verbindet die Blöcke. Die anderen bleiben draußen, um ihm die Schneeblöcke zu reichen und beim Hochziehen der Wände zu helfen.

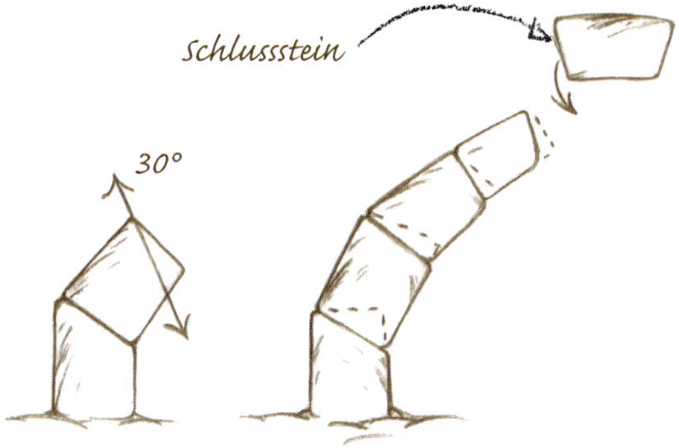

Ist die erste Runde Schneeblöcke gelegt, hackt der Maurer oben die Kante der Blöcke innen mit einer kleinen Schneeschippe schräg weg, so dass eine Neigung von etwa 30° entsteht. Der Maurer legt dann, versetzt zur ersten, eine zweite Reihe mit passenden Blöcken, die Assistenten füllen derweil die Zwischenräume mit Schnee auf, pressen ihn zusammen und glätten ihn. Nachdem die zweite Reihe fertig steht, bearbeitet der Maurer sie wieder, um ihr die richtige Neigung nach innen zu geben. Und so geht es weiter. Wenn das Iglu die endgültige Höhe erreicht hat, schließt er das Gewölbe, indem er den „Schlussstein" einsetzt.

Ein Tipp

Haushaltshandschuhe aus Latex sind wasserdicht und mit darüber gezogenen warmen Handschuhen schützen sie gut vor Kälte und Feuchtigkeit.

Tipis und Jurten

Die Tipis waren die traditionellen Behausungen der Indianer in den amerikanischen Ebenen, ebenso wie die Jurten von den Steppenvölkern der Mongolei gebaut und genutzt wurden. Die Jurte wird übrigens auch heute noch von vielen Nomaden wie auch von sesshaften Völkern im Kaukasus und in der Mongolei benutzt. Tipis und Jurten sind inzwischen auch hier und da in unserer westlichen Welt anzutreffen, weil sie uns ein Stück Lebensart nahe der Natur und in Respekt vor ihr vermitteln.

Die Jurte

Die runde Form der Jurte bietet enormen Widerstand gegen die heftigen Stürme der Hochebenen. Die Jurte kann einen Durchmesser bis zu 8 m haben und bis zu 20 Personen beherbergen. Die Wand besteht aus einem Lattengeflecht und ist etwa 1,50 m hoch. Am oberen Ende dieses Geflechts werden an jedem Kreuzungspunkt Stangen eingehängt, wie die Speichen eines gewaltigen Fahrrades. Das andere Ende der Stangen wird in der Mitte in ein großes Holzrad eingehängt, in den sogenannten „Belastungsring". Über das ganze Tragwerk, unten gehalten durch einen stabilen Gürtel aus Stoffbahnen, wird außen eine schwere Hülle aus Filzbahnen oder Leinwand gelegt.

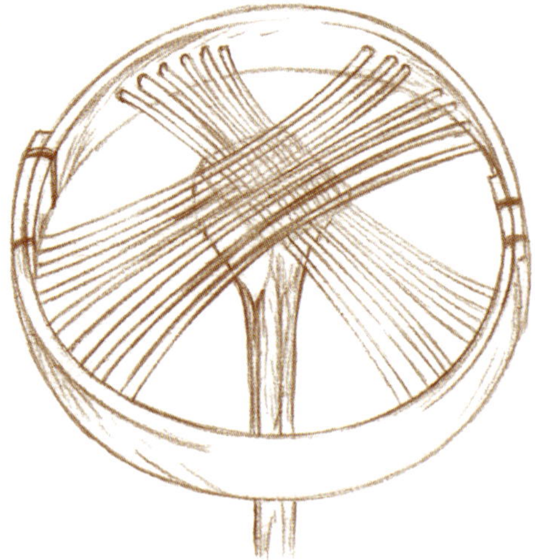

Belastungsring

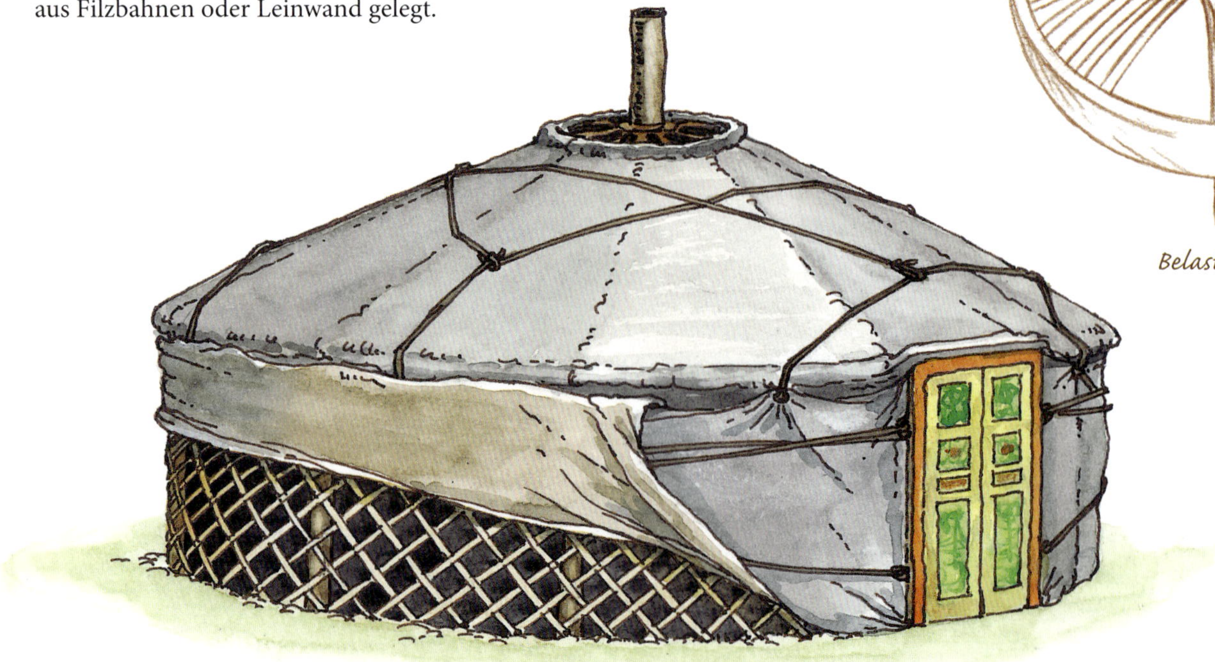

Das Tipi

Das Tipi, wie ein Kegel geformt, ist ziemlich einfach zu bauen. Es genügt, einige Stangen am oberen Ende zusammenzubinden und sie mit Leinwand, Plastikplanen oder pflanzlichem Material zu überziehen.
Je größer das Tipi ist, desto mehr Stangen sind nötig: 3 oder 4 Stangen reichen für ein Einzeltipi von 1,50 m Höhe, für ein Gemeinschaftstipi von 3 m Höhe werden etwa ein Dutzend Stangen gebraucht.
Die Indianer Nordamerikas haben diese einfache Konstruktion mit 2 zusätzlichen, beweglichen Stangen ergänzt. Mit diesen können 2 große „Ohren" gebildet werden, die über der Feuerstelle im Tipi perfekt das Abziehen des Rauches ermöglichen. Als Umhüllung benutzten die Indianer Bisonhäute, manchmal bis zu 40, um das Tipi einzudecken. Eine zweite, innere Haut, oft sogar verziert, half, um Hitze wie auch Regen und Kälte abzuhalten.
Ein mittelgroßes Tipi maß 5 m in der Breite und 6 m in der Höhe.

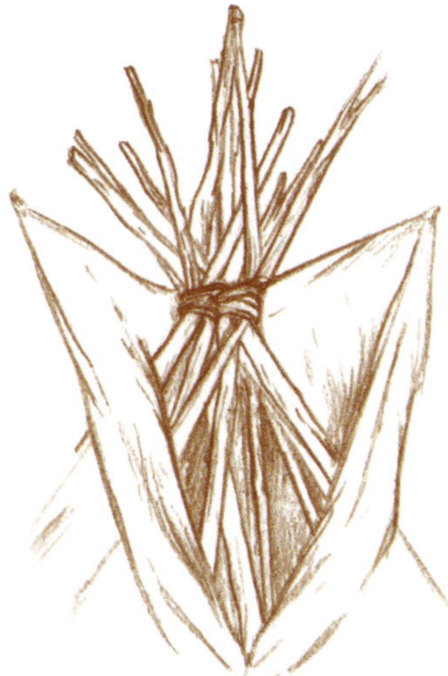

Wenn es regnet, werden die "Ohren" wieder geschlossen

Ungewöhnliche Hütten

Früher haben die Menschen aus sehr verschiedenen Gründen Hütten gebaut, vor allem aber , um sich vor Kälte und Regen zu schützen. Geleitet von ihren Träumen und ihrer Fantasie bauen auch heute noch Dichter und Bastler, kleine und große Kinder die erstaunlichsten Hütten. In einigen Gegenden Frankreichs zum Beispiel gibt es sogar richtige Wettbewerbe, wer die ungewöhnlichste aller ungewöhnlichen Hütten bauen kann. Also, lass deiner Fantasie freien Lauf und fang an, mit Hilfe der in diesem Buch vorgestellten Konstruktionen die Hütte deiner Träume zu bauen !

Koboldhütte

Möge Unglück über jene hereinbrechen, die ohne Grund eine Koboldhütte zerstören! Im Elsass erzählt man sich, dass die Erdmännele, die „kleinen Erdmenschen", und die Erwinnele, ihre Begleiter, in den vielen alten Baumstümpfen im Wald wohnen. Wer hatte nun die gute Idee, diese original Koboldhütte zu retten und ihr ein Dach, Fenster und eine Türe zu verschaffen? Von dort aus ist es möglich, die Wiesen zu beobachten. Besonders an Tagen, an denen der Nebel durch den Wald tanzt, sieht man dann vielleicht sogar, wie Rotmützchen, Wichtelmännchen und Graubärte vorbeihuschen ...

Die Hütte der Dalton-Brothers

Die Dalton Brothers: Sie raubten in Amerika Banken aus... und bauten sich ein Baumhaus tief in den Wäldern, nur mit Handsäge und Hammer, wie das so bei anständigen alten Handwerkern üblich war. Zwischen sieben großen Tannen bauten sie mit Balken und Brettern eine Hütte in 9 m Höhe! Dazu kamen erst eine und später noch mehrere, immer höher liegende Plattformen.
Der Nachfahre der Dalton-Brothers lebte hier als glücklicher Dichter..., wenn er nicht herunterstieg, um Panzerschränke auszurauben. Wäre die Polizei die Leiter zur Hütte hochgestiegen, hätte sie zwischen den Tannen und Brettern Gewehre und Maschinenpistolen, falsche Bärte und Schnurrbärte entdeckt .... Und 20.000 Dollar!
Da wohnte doch glatt ein wahrer Bandit des Waldes!

Begriffserklärungen

Beschwerungsschnüre
Dies sind Schnüre mit einem am Ende angeknüpften Gewicht, z.B. einem Stein, das frei hängt.

Dickicht
Bei bestimmten Bäumen (z.B. Waidbuchen) treiben durch natürliches Wachstum oder durch menschlichen Eingriff aus einem einzelnen Baumstumpf eine Vielzahl von Ruten und Stangen aus und bilden im Laufe der Jahre eine Art Dickicht. Manchmal wird auch ein kleines Wäldchen oder eine verwachsene Baumgruppe als Dickicht bezeichnet.

Flechten
Flechten ist eine uralte Technik, um Wandelemente und kleine Mauern herzustellen. Dabei werden biegsame Stangen/Ruten zwischen eingegrabenen Pflöcke verwoben.

Geflecht
Durch viele gekreuzte Schnüre entsteht eine Art Netz, mit dem beispielsweise die äußere Hülle aus Zweigen zusammengehalten werden kann.

Grünes Holz - Trockenes Holz
Stangen oder Ruten aus grünem Holz oder trockenem Holz kommen für unterschiedliche Zwecke zum Einsatz. Trockene, dünne Stangen lassen sich kaum biegen, brechen leichter und eignen sich deshalb nicht als Stütze für beanspruchte Konstruktionen. Grünes Holz lebt. Mit ein bisschen Technik lässt es sich gut knikken, biegen und flechten. Aber Vorsicht, es darf nicht zu jeder Jahreszeit geschnitten werden.

Kreuzbundknoten
Ein sehr nützlicher Knoten, um 2 Stangen senkrecht zueinander fest zu verbinden.

Planen mit Ösen
Planen, wie sie zum Beispiel in der Landwirtschaft benutzt werden, sind ideale Abdeckungen für die verschiedensten Hütten und nötig für den Unterstand der Nomaden. Dank der Ösen lassen sich die Planen mit Hilfe von Schnüren und Kordeln gut spannen, ohne dass das Material zerreißt.

Querstreben
Ausdruck für Stangen, die „quer" angeordnet sind, das heißt horizontal eingebaut werden.

Querträger
So wird das starke und schwere Holzstück genannt, das die Hauptlast der gesamten Konstruktion tragen muss.

Ruten / Stöcke
Aus fingerdicken geraden Zweigen und Ästen von Sträuchern, Büschen und Bäumen werden Holzelemente für die Hülle der Hütte hergestellt.

Schlussstein
Das ist ein Fachausdruck aus der Architektur. Beim Iglu ist es der letzte, nahezu kreisrunde Eisblock, der oben auf die letzte Reihe der Schneeblöcke aufgesetzt wird und damit das Gewölbe schließt. Dieser Schlussstein gewährleistet die Haltbarkeit des ganzen Gewölbes.

Silo-Folie
Einen Teil der Ernte speichern die Bauern für Viehfutter luftdicht unter riesigen schwarzen Plastikplanen. Dieses Material ist wasserundurchlässig, fängt aber gleichzeitig die Wärme der Sonne ein. Wird dieses Material zum Hüttenbau verwendet, muss man wegen der Erwärmung im Innern für eine Belüftung sorgen.

Stangen
Mit Stangen von Haselnuss, Kastanie, Bambus, Weiden und Eschen, ausreichend lang und bis zu armdick, kann die tragende Konstruktion einer Hütte erstellt werden. Je nachdem, was geplant ist, kann dafür trockenes (aber nicht morsches) oder grünes Holz benutzt werden.

Tarnnetz
Farbloses oder naturfarbenes Netz, das aufgespannt wird, um Hütten und andere Gegenstände in der Natur zu verbergen.

Verankerung
Eine Methode, um Schnüre und Seile zur Stabilisierung der Konstruktion am Boden zu befestigen. Um Zeltpflöcke und Heringe richtig einzuschlagen, muss man sie senkrecht zum gespannten Seil schräg in die Erde eintreiben.
Das Ankerkreuz ist eine Variante: ein Seil wird an 2 Rundhölzern befestigt, die kreuzförmig in ein mindestens 40 cm tiefes Loch eingegraben werden.
Ist die Erde erst einmal gut festgestampft, ist diese Verankerung recht robust und belastbar.

Verfugen
Verbindungen zwischen Blöcken herstellen. Bei den Iglus ist es notwendig, die Fugen zwischen den Blöcken nach und nach mit weichem Schnee dicht auszufüllen und zu glätten. Durch dieses Verfugen haften die Blöcke gut aneinander.

Vorbohren
Soll eine Stütze im Boden verankert werden, geht das leichter, wenn zuerst ein Pfahleisen, eine Metallstange oder ein langer Meißel in die Erde eingeschlagen wird. Dieser wird wieder herausgezogen und das Loch ist „vorgebohrt".

Webeleinstek
Ein einfacher Knoten, mit dem der Kreuzbundknoten begonnen und beendet wird.

Autor: Louis Espinassous
Illustrationen: Amandine Labarre, Frédéric Pillot, Christian Verdun
Übersetzung ins Deutsche: Margarete Baumann-Wüst, Staufen

ISBN 978-3-936896-38-1

1. Auflage 2009
2. Auflage 2011

Druck: Beltz Druckpartner, Hemsbach

Bibliografische Information der Deutschen Nationalbibliothek

Die Deutsche Nationalbibliothek verzeichnet diese Publikation in der Deutschen Nationalbibliografie; detaillierte bibliografische Angaben sind im Internet unter http://dnb.d-nb.de abrufbar.

Weitere Bücher im ökobuch Verlag

Heidi Howcroft
Gestalten mit Holz im Garten
Bodenbeläge, Holzdecks, Zäune, Rankgerüste, Lauben. Bauanleitungen und Gestaltungsideen für Nützliches und Dekoratives aus Schnittholz und aus grünem Holz. Das Buch zeigt, wie vielfältig und formschön sich Holzwerk in den Garten einbinden lässt. 135 S. m.v. Abb., 21 x 21cm geb. 2. Aufl. 2006 — 19,90 €

Herbert und Astrid Gruber
Neues Bauen mit Stroh
Bauen mit großformatigen Quadern aus gepreßtem Stroh: gebaute Beispiele, erprobte Bauformen und Konstruktionen, neue Projekte und Forschungen. 3. überarb. Aufl. 2008,112 S. m. v.Abb., — 14,90 €

Susanne Bruns
Spiele für den Garten
Anleitungen für vergnügliche Spiele in und mit der Natur. Lustige und kurzweilige Lauf-, Wurf-, Wasser- Gedulds- und Geschicklichkeitsspiele mit exakten Bauanleitungen zur Herstellung der Spielgeräte. 124 S. m.v. Abb., 17x24 cm, 2004 — 12,90 €

Hans-P. Ebert
Heizen mit Holz
Günstiger Holzeinkauf, Zurichten des Waldholzes, Lagerung und Trocknung, Anforderungen an Feuerstelle und Schornstein, die Ofentypen und ihre Einsatzbereiche. 160 S. m.v.Abb., 13. Aufl. 2009 — 12,95 €

Gernot Minke, Benjamin Krick
Handbuch Strohballenbau
Ein Konstruktionshandbuch, das Konzeption, Bautechnik und Details beschreibt, um aus Strohballen gut gedämmte, dauerhafte Häuser zu bauen. m.viel. Beispiel. 2. Aufl . 2009, 142 S.m.v.farb. Abb. — 28,90 €

Annelore und Susanne Bruns
Biogarten Handbuch
Anleitung zum naturgemäßen Gärtnern in Bildern. Hier wird das notwendige Wissen vermittelt, um erfolgreich den Boden zu bestellen und reichhaltig gesundes Obst und Gemüse zu ernten. 141 S. m.v. Abb., 17x24 cm, 2. Aufl. 2007 — 13,90 €

Annelore und Susanne Bruns
Werkbuch Biogarten
Anleitung zum handwerklichen Arbeiten in Bildern: Bau von Kompostbehältern u. Frühbeeten, Pflanzengerüsten, kleine lagerkeller, Kräuterspiralen, Vogelnistkästen u.v.m. 112 S. m.vielen Abb., 17x24 cm, 2. Aufl. 2010 — 12,90 €

Hans J.K. Flöel
Richtig Brennholz machen
Vom Fällen bis zum richtigen Feuern zeigt das Buch welche Holzarten, Arbeitstechniken und Werkzeuge am besten geeignet sind, um den Brennstoff für das Holzfeuer selbst auszubereiten. 77 S. m. vielen farb. Abb. 3. Aufl. 2010 — 10,95 €

Thomas Holz
Holzpellet-Heizungen
Ein Ratgeber. Technik, Bauformen, Einsatzbereiche und Planung von automatischen Holzpelletheizungen, Genehmigung, Förderung; Produktübersicht. 3. Aufl. 2006, 103 S. m.v. Abb. — 9,95 €

Alan und Gill Bridgewater
Bauen mit Frischholz
Frisches grünes Holz ist ein ausgezeichnetes Material, um mit einfachen Werkzeugen und in kurzer Zeit schöne, nützliche Dinge für den Garten herzustellen: Behälter, Spaliere, Bänke, Zäune, Obeliske, Sichtschutzelemente, u.v.m. 1. Aufl. 2002, 80 S. m.v. farb. Abb., geb. — 18,90 €

David Stiles
Kleine Baumhäuser und Hütten
... kinderleicht gebaut. Das Buch zeigt, wie Baum- und Stelzenhäuser gebaut werden. Mit Anleitungen für verschiedene Konstruktionen und Bildern realisierter Beispiele. 93 S. mit v. Abb., 4. Aufl. 2010 12,95 €

Claudia Lorenz-Ladener, Hrsg.
Lauben und Hütten
Einfache Paradiese zum Selbstbauen. Bauanleitungen für einfache Behausungen (Tipi, Baumhaus, Kuppelbau etc.), sowie leicht zu errichtende Lauben für den Garten. 4. Aufl. 2009, 190 S. m.v.Abb., 22,90 €

Claudia Lorenz-Ladener, Hrsg.
Holzbacköfen im Garten
Detaillierte Bauanleitungen vom einfachen Lehmofen bis zum gemauerten Brotbackhäuschen. Mit vielen Erfahrungen und Ratschlägen sowie pfiffigen Tips u. Rezepten. 138 S.m.v.Abb., 14. Aufl. 2011 15,90 €

Daniel Mack
Möbel aus Wildholz
Wieviel Äste braucht ein Stuhl? Der Autor stellt moderne Wildholzmöbel vor, und zeigt anschaulich, wie Wildholz zu Möbeln zusammengefügt wird. 168 S. m.v.Abb., 5. Aufl. 2011, 21 x 21 cm geb. 25,90 €

Dorit Berger
Färben mit Pflanzen
Färbepflanzen - Rezepte - Anwendung. Aufbereitung und Anwendung heimischer Färbepflanzen zum Färben von Wolle und Stoffen werden in zahlreichen Rezepten detailliert beschrieben. 2.Aufl. 2011, 96 S. m.v. farb. Abb. 17 x 24 cm, br. 12,95 €

Susie Vaughan
Einfach Korbflechten
Mit Ruten und Zweigen aus dem Garten oder der freien Natur geschmackvolle Körbe in interessanten Farben herstellen. Mit Schritt-für-Schritt-Anleitungen. 3. Aufl. 2010, 72 S. m.farb. Abb., 13,90 €

Rolf Behringer, Michael Götz
Kochen mit der Sonne
... in Mitteleuropa. Beschreibung käuflicher Solarkocher sowie Bauanleitung für einen Solarofen. Mit Tipps aus der Praxis u. vielen erprobten Koch- u. Backrezepten. 87 S. m.v.farb. Abb., 1. Aufl. 2008 13,95 €

Claudia Lorenz Ladener, Hrsg.
Naturkeller
Grundlagen, Planung und Bau von naturgekühlten Lagerräumen im Haus oder Freiland, um für Obst u. Gemüse geeignete Überwinterungsmöglichkeiten zu schaffen. 139 S. m.v.Abb., 11. Aufl. 2011 15,90 €

Preisstand: 1.6.2011 - Änderungen vorbehalten!

Jon Warnes
Mit Weiden bauen
Anleitungen für Zäune. Laubengänge, Wigwams, Sitzplätze und grüne Kuppeln, die zeigen, wie viele schöne, nützliche Dinge sich aus Weiden herstellen lassen. 6. Aufl. 2009, 60 S. m.v. farb. Abb., geb. 12,95 €

Claudia Lorenz-Ladener (Hrsg.)
Trocknen und Dörren mit der Sonne
Bau & Betrieb von Solartrocknern: Ein Buch für alle, die einen funktionstüchtigen Solartrockner kostengünstig selbst bauen möchten, um Obst, Gemüse und Kräuter natürlich und hochwertig haltbar zu machen. mit vielen praktischen Tipps. 1. Aufl. 2010, 95 S., 17x24 cm, 13,95 €

Maggy Howarth
Kieselstein-Mosaik
Schöne Böden für Wege und Lieblingsplätze im Garten selbst gestalten. Anleitungen u. Gestaltungsvorschläge. 118 S., 4. Aufl. 2010 20,90 €

... mehr interessante Bücher finden Sie in unserem Gesamtkatalog, den wir Ihnen gern kostenlos zusenden, oder auf unserer Webseite.

ökobuch Verlag GmbH
79216 Staufen · Postfach 1126 ✆ 07633-50613 Fax 07633-50870
Email: oekobuch@t-online.de · http://www.oekobuch.de/